Kosmos   Weltentwürfe im Vergleich

Herausgegeben vom
Museum Rietberg Zürich

Mit Beiträgen von
Johannes Beltz
Martin Brauen
Jorrit Britschgi
Peter Fux
Katharina Wilhelmina Haslwanter
Mariana Jung
Thomas Krüger
Albert Lutz
Christoph Mittmann
Ingo Nentwig
Maia Nuku
Harry Nussbaumer
Michaela Oberhofer
Alexandra von Przychowski
Markus O. Speidel
Raji Steineck
Johannes Thomann
Christoph Uehlinger

*Mit freundlicher Unterstützung
der Parrotia-Stiftung*

Museum Rietberg Zürich ı Scheidegger & Spiess

Kosmos

Weltentwürfe im Vergleich

Inhaltsverzeichnis

Vorwort

Das von Apollo 17 auf der Reise zum Mond aufgenommene Foto, das die von der Sonne voll erleuchtete Erde als «blaue Murmel» zeigt, ist zur Ikone unseres wundersamen und fragilen Daseins im Universum geworden. Mit Teleskopen, Raumstationen und Raumsonden, mit hochkomplexen physikalischen und chemischen Analysen und Berechnungen erforscht die moderne Astrophysik unsere Erde und das Weltall und liefert uns Bilder und Erkenntnisse, die uns staunen lassen. Kaum vergeht ein Monat, ohne dass eine neue kosmologische Entdeckung von den Medien verbreitet wird. Dabei sind für die meisten von uns Erdenbewohnern, vor allem wenn wir in einer hell erleuchteten Stadt wohnen und in den Nachthimmel schauen, die Sterne kaum erkennbar. Dank moderner Kommunikationsmittel sind zwar alle Daten über die Zeit, unseren Standort, die Jahreszeiten, den Sonnen- und Mondstand stets verfügbar und leicht abrufbar, aber wir kennen den Kosmos, die «Ordnung» des Firmaments, kaum mehr aus eigener Beobachtung. Für unsere Vorfahren hingegen bildeten die kosmischen Gesetzmässigkeiten verlässliche Messgeräte, um sich in Zeit und Raum zu orientieren. Die Gestirne gaben den Takt für das menschliche Dasein vor: den Rhythmus der Tage, Monate, Jahreszeiten und Jahre. Der Sonnenverlauf und die Sterne zeigten, dass der Erdenraum eine Ausrichtung besitzt. An den Himmelsrichtungen konnte man sich orientieren, sie inspirierten die Menschen dazu, Steinmonumente, Gräber, Tempel und ganze Städte nach diesen kosmischen Konstanten auszurichten. Der Polarstern, um den sich anscheinend die Sterne drehten, oder der Zenitstand der Sonne galten als Ankerpunkte einer das Himmelszelt aufspannenden kosmischen Achse, die in manchen Kulturen als Weltenbaum oder Weltenberg gedeutet wurde.

Der Himmel war voller Geheimnisse: Es gab «umherirrende» Sterne – die Planeten, die sich scheinbar nicht an das grosse Gesetz der Himmelsmechanik hielten. Wie kommt es, dass die Sonne, wenn sie im Westen untergeht, am anderen Tag im Osten wieder aufgeht? Wo ist sie in der Nacht? Wie sind die Sterne am Himmel befestigt? Und weshalb hat der geheimnisvolle Mond, der den Rhythmus der zwölf Monate vorgibt, Einfluss auf die Gezeiten der Meere? – Der Himmel besass eine Kraft, er prägte die Geschicke der Menschen mit, er bestimmte den Verlauf der Jahreszeiten und Naturgewalten. Im Gegensatz zur taktgenauen Beständigkeit des Kosmos ist das Erdendasein des Menschen, die kurze Zeitspanne zwischen Geburt und Tod, weder berechenbar noch voraussehbar. Das zeitlich beschränkte Dasein unter dem Firmament der ewigen Ordnung brachte die Menschen ins Grübeln: über den Ursprung von Himmel und Erde, über das Wer, Woher und Wohin und über die Kräfte, die den Anstoss zur Entstehung dieses Universums gaben.

Dieses Buch zeigt anhand von 17 verschiedenen Kulturen weltweit, wie sich die Menschen seit Urzeiten mit dem Kosmos beschäftigt haben, wie sie ihn erforscht und welche Mythen sie sich über seinen Ursprung, seine Schöpfung ausgedacht haben. Bei manchen der ausgewählten Kulturen stehen mehr die Mythen, bei anderen mehr die Kosmologien und die Erkundung und Beobachtung des Weltraums im Vordergrund. Durch den Einbezug von Erkenntnissen der heutigen Astrophysik schaffen wir auch einen Bezug zum gegenwärtigen Forschungsstand. Faszinierend ist die wunderbare Vielfalt all dieser Mythen und Vorstellungen, – diese möchten wir zeigen und dabei keine Wertung vornehmen. Denn es sind gerade die auf alten wissenschaftlichen Methoden basierenden Kosmologien, die uns zum Staunen bringen. Dies zeigen beispielsweise die Zeit- und Raumvorstellungen der indischen Religionen. Die frühen buddhistischen Kosmostheorien gehen von der Annahme aus, dass es eine unendliche Anzahl von Weltsystemen gibt und dass diese Weltsysteme nicht kugelförmig im Raum angeordnet sind, sondern bandförmig, also eine Art Galaxie bildend. Die Welt ist zudem kein stabiles, gleichbleibendes Gebilde, sondern einem ständigen Wandel unterworfen, genau so, wie es die heutige Kosmologie vertritt. Dabei sind die Zeiträume des Entstehens, Vergehens und Wiederentstehens gigantisch. Auch der Hinduismus kennt ähnliche Vorstellungen von Zeit, wie die Theorie der vier Weltzeitalter. Ein Zyklus des Entstehens und Vergehens dauert dort 40 Milliarden Jahre. Die 13,8 Milliarden Jahre – nach heutigem Stand das Alter unseres Universums – nehmen sich im Vergleich bescheiden aus. Zum Staunen bringen uns auch die akkuraten Kosmosvorstellungen und die Rechenkunst der alten Griechen – und wie dieses Wissen im europäischen Mittelalter weitgehend verschüttging –, oder die Präzision der chinesischen Astronomen bei der Vorausberechnung kosmischer Ereignisse.

Noch vielfältiger als die Kosmologien sind die Schöpfungsmythen, die uns überliefert sind. Während im Christentum vor allem eine Schöpfungsbeschreibung, die biblische Genesis, Bestand hatte, gibt es zum Beispiel im Hinduismus eine Vielzahl von Mythen, die jeweils eine andere Geschichte, einen anderen Aspekt der Weltentstehung erzählen. Wie hat alles angefangen? Diese zentrale Frage der Schöpfungsmythen wird auf sehr unterschiedliche Weise beantwortet: Einige Mythen schweigen sich diesbezüglich aus, andere nennen einen Schöpfer oder Weltbaumeister, wieder andere gehen von einer Art Perpetuum mobile aus, einem Prozess des Werdens und Vergehens, bei dem es keinen Schöpfer und Zerstörer braucht. Es gibt zwar die Vorstellung, dass die Welt aus dem Nichts entstanden ist. Häufig wird jedoch die Existenz einer Schöpfergottheit vorausgesetzt, die die Welt aus einer Urmaterie, aus dem Chaos, aus einer formlosen Masse, einem Urmeer, einem Ei oder aus einem Ungeheuer erschafft. Angesichts der Bedeutung des Wassers für das Leben und Überleben der Menschen, Tiere und Pflanzen ist es nicht weiter erstaunlich, dass ihm in Ursprungsmythen eine wichtige Stellung zukommt. Bei den an der Nordwestküste Amerikas siedelnden Haida bringt der schöpferisch begabte, trickreiche Rabe den Menschen das Wasser; gemäss einem mesopotamischen Mythos gingen alle Götter aus dem Urpaar Süsswasser und Salzwasser hervor; in buddhistischen Ursprungsmythen besteht der grösste Teil der Welt aus Wasser. Um Welt zu schaffen, wird das Chaos entwirrt oder die Urmaterie in Bestandteile getrennt und aufgeteilt, wie dies die alte chinesische Vorstellung der Entstehung von Yin und Yang beschreibt. Durch das Zerstückeln oder Zerstören kann der Welt ebenfalls Leben eingehaucht werden. Gemäss einem Schöpfungsmythos der Yoruba in Nigeria zersplittert der Gott Orisha, auf den ein Mordanschlag mit einem Felsbrocken ausgeübt wird, in unzählige Stücke. Die göttliche Essenz ist seither überall, Gott und die Welt sind untrennbar miteinander verwoben. Es ist nicht verwunderlich, dass der Schöpfungsakt immer wieder auch mit kreativen, handwerklichen Tätigkeiten des Menschen beschrieben wird: Schöpfung durch das Formen von Lehm, Schnitzen von Holz, Schmieden, Zusammenfügen. Oder Schöpfung als Akt des Zeugens und Gebärens. Wenn in der biblischen Schöpfung Gott spricht «Es werde Licht», so kann auch das gesprochene Wort die Schöpfung in Gang bringen.

Wir nehmen heute an, dass alle sichtbare Materie, und so auch wir Menschen, aus dem Urknall oder Big Bang hervorgegangen ist: Alles ist Teil des Kosmos. Wir Menschen bestehen aus dem Staub längst zerstörter Sterne, und der beim Urknall entstandene Wasserstoff ist – bezogen auf die Anzahl Kerne – das mit Abstand häufigste Atom in unserem Körper. Mit anderen Worten: Der Mikrokosmos Mensch und der (Makro-)Kosmos sind nicht verschieden, sondern letztlich identisch. Der aus Alexandria stammende Origenes (185 bis um 253 n. Chr.) umschrieb diese Einheit wie folgt: «Verstehe, dass du innerhalb deiner selbst Herden der Ochsen … Herden der Schafe und Herden der Ziegen hast … Verstehe, dass in dir auch die Vögel des Himmels sind … Verstehe, dass du auch eine kleine zweite Welt bist, und dass in dir Sonne, Mond und Sterne sind.»

Die heutige Astrophysik liefert uns faszinierende Bilder, Theorien und Erkenntnisse über die Evolution unseres Universums. Aber es bleiben zahlreiche Fragen offen: Was war vor dem Urknall? Was ist der Raum wirklich? Gibt es Leben, das nicht auf Wasserstoff und Kohlenstoff basiert? Gibt es Paralleluniversen, in denen allenfalls ganz andere physikalische Gesetze gelten und die in ihrer Gesamtheit ein Multiversum bilden? Was genau ist dunkle Materie und dunkle Energie, die beide zusammen etwa 95 Prozent unseres Kosmos ausmachen sollen?

Wenn wir die Zeitspanne zwischen dem Big Bang und dem Heute als einen 24-Stunden-Tag darstellen, dann sind wir Menschen erst in der letzten Sekunde dieses «kosmischen Tages» entstanden. Wir waren zuerst Sammler und Jäger, und unser Denkorgan ist vor allem auf diese Tätigkeiten spezialisiert. Erst in den letzten Millisekunden haben wir begonnen, uns mit Hilfe wissenschaftlicher Methoden mit dem Universum, dessen Ursprung, Zusammensetzung und Entwicklung zu befassen. Es wäre vermessen zu glauben, dass wir in dieser verschwindend kurzen Zeit die Wahrheit über den

Kosmos erkennen könnten. Und klingt es nicht auch wie ein Mythos, wenn uns gesagt wird, vor dem Urknall habe es weder Raum noch Zeit noch Materie gegeben, der Urknall sei nicht an einem einzigen Punkt erfolgt, sondern an jedem Punkt? Der Raum habe sich, so die neueste Forschung, nach dem Urknall innerhalb eines Sekundenbruchteils um einen Faktor von mindestens 1026 ausgedehnt; auch gebe es kein Zentrum des Universums. Wie soll dies alles verstanden werden? Wie können wir uns vorstellen, dass das gesamte Material, aus dem unsere Galaxis, die sogenannte Milchstrasse, hervorging – die hundert Milliarden Sterne –, einst in eine Tasse gepasst haben soll oder dass es angeblich Schwarze Löcher gibt, von denen manche eine Masse enthalten, die einer Milliarde von Sternen entspricht?

  Wir wissen zwar, wenn wir die neuesten Forschungen zur Kenntnis nehmen, erstaunlich viel, und der Horizont unseres Wissens erweitert sich schnell. Doch letztlich sind wir noch weit davon entfernt, den Kosmos wirklich zu verstehen. So gesehen macht es Sinn, sich auch mit den früheren kosmologischen Entwürfen zu befassen. Sie bergen ebenfalls Teilwahrheiten, wenngleich andere als die rational-empirischen der modernen Welt. Und sie zeigen auf, mit welchem Einfallsreichtum die Menschen versucht haben, das Rätsel Kosmos zu verstehen. Die Reihenfolge der Beiträge folgt dem Lauf der Sonne, und zwar so, wie wir ihn sehen: Aufgang im Osten, Untergang im Westen. Diese Anordnung macht Unterschiede, aber auch Gemeinsamkeiten und Einflüsse zwischen den einzelnen kosmologischen Vorstellungen gut sichtbar, und sie trägt der Tatsache Rechnung, dass wir bei unserer Darstellung fremder Weltentwürfe an unsere Perspektive, an unsere Sprache und unser Denken gebunden sind. Ausgangspunkt unserer Überlegungen bei der Auswahl der Fallbeispiele war unsere eigene Sammlung, die wir vorab nach geeigneten Objekten durchsucht haben. Auf diesem Fundament haben wir nach und nach die weiteren Objekte und Themen auf- und ausgebaut. So ist ein kleiner Kosmos entstanden, der manches aufzeigt und erklärt, vieles jedoch offen lässt – Kosmos als ein Rätsel der Menschheit.

  Martin Brauen und Albert Lutz

Vorwort der Parrotia-Stiftung

«Der Donner ist nicht mehr die Stimme eines zornigen Gottes und der Blitz nicht mehr sein strafendes Wurfgeschoss.» C.G. Jung

Nur wenige Jahre, nachdem C.G. Jung angesichts des wissenschaftlichen Fortschritts die Entmenschlichung der Welt, den Verlust des symbolischen Gehalts von natürlichen Erscheinungen und gar eine Isolation des Menschen innerhalb des Kosmos beklagte, erfolgte die Mondlandung. Gebannt verfolgten die Menschen dieses Ereignis aus der heimischen Stube vor Fernseh- und Radiogeräten. Der rasante technische Fortschritt ermöglichte es, den Fuss erstmals auf den Erdtrabanten zu setzen. Dass die Oberfläche des Mondes zu diesem Zeitpunkt keine Terra incognita war, ist der Forschung zu verdanken. Galileo Galilei hatte schon 360 Jahre zuvor ein Teleskop auf die Oberfläche des Mondes gerichtet und seine Berge und Täler beschrieben.

Was in den letzten Jahren an Wissenschaftsgeschichte geschrieben wurde und was für grosse Entdeckungen gemacht wurden, ist imposant. Kaum eine Woche vergeht, ohne dass uns Meldungen aus diesem Bereich erreichen – wir sind immer wieder mit dem Kosmos konfrontiert.

Das Museum Rietberg hat sich in der Reihe kulturvergleichender Ausstellungen (über Masken, Orakel, Liebeskunst, Mystik) nun dem Thema Kosmos gewidmet. Anhand von Fallbeispielen aus verschieden Weltkulturen präsentiert diese Publikation facettenreiche Vorstellungen, die die Menschen im Laufe der Zeit entwickelt haben. Es sind faszinierende Weltentwürfe, die sich vor uns ausbreiten, in Form von Schöpfungsgeschichten und Kosmologien. Während viele von ihnen sich gemeinsame Vorstellungen teilen, so sind sie auch immer ein Ausdruck der Lebensumstände einer Gesellschaft. Der zornige Gott hat also immer noch eine Stimme, und es ist das Verdienst des Museums, sie erklingen zu lassen.

Die Parrotia-Stiftung ist als langjähriger Partner des Museums Rietberg stolz, dass wir ein kulturvergleichendes Ausstellungsprojekt unterstützen dürfen, und wir wünschen allen Besucherinnen und Besuchern viele interessante Einblicke in unsere verschiedenen Welten!

Catharina Dohrn

Dank

«Visions of the Cosmos» hiess die von Martin Brauen 2009 im
Rubin Museum of Art in New York gezeigte Ausstellung, in der er
indische und europäische Kosmologien einander gegenüberstellte.
Es freut uns, dass wir diese Ausstellungsidee übernehmen durften
und dass sich Martin Brauen, der ehemalige Kurator am Völkerkundemuseum der Universität Zürich und Chefkurator des Rubin Museums, bereit erklärt hat, auch bei unserer thematisch auf die ganze
Welt erweiterten Kosmos-Ausstellung mitzumachen und uns als
Co-Kurator tatkräftig zu unterstützen. An diesen Dank anschliessen
möchte ich ein grosses Dankeschön an den Projektleiter dieser
Ausstellung, Jorrit Britschgi. Dass wir Ausstellung und Katalog in
nur acht Monaten realisieren konnten, ist seinem hervorragenden
Organisationstalent und unermüdlichen Einsatz zu verdanken.

      Die Realisierung der Ausstellung verdanken wir der gross-
zügigen Unterstützung der nun schon seit sieben Jahren mit unserem
Museum eng verbundenen Parrotia-Stiftung. Die von Ursula Dohrn,
der ehemaligen Präsidentin der Rietberg-Gesellschaft, ins Leben
gerufene Stiftung, die heute von Catharina Dohrn als Präsidentin und
von den Stiftungsräten Martin Escher und Martin Burkhardt geführt
wird, ist für unser Museum von herausragender Bedeutung, und
wir schätzen uns glücklich, nun schon seit so vielen Jahren auf das
Wohlwollen der Parrotia-Stiftung zählen zu dürfen.

      Ich habe mich sehr gefreut, dass alle Kuratorinnen und
Kuratoren unseres Museums trotz des engen Zeitrahmens mit Begeis-
terung und Engagement mitgemacht, Texte verfasst und die Auswahl
der Objekte vorgenommen haben. Mein Dank geht an Johannes
Beltz, Jorrit Britschgi, Peter Fux, Michaela Oberhofer und Alexandra
von Przychowski. In Zusammenarbeit mit den externen Autoren
und Kuratoren haben auch Katharina Epprecht und Axel Langer an
diesem Projekt mitgewirkt. Diese Ausstellung verdankt ihr Entstehen
insbesondere auch den externen Co-Kuratoren, die nicht nur Texte
geschrieben, sondern auch die Auswahl der Objekte für uns besorgt
haben: Katharina W. Haslwanter, Mariana Jung, Thomas Krüger,
Maia Nuku, Markus O. Speidel, Johannes Thomann und Christoph
Uehlinger. Schliesslich danke ich auch noch den weiteren
Autoren dieser Publikation, Christoph Mittmann, Ingo Nentwig,

Harry Nussbaumer und Raji Steineck, für ihre wertvollen Text-beiträge. Bei unserem Bibliothekar Josef Huber bedanke ich mich für seine tatkräftige Unterstützung.

Diesen Ausstellungskatalog konnten wir in bewährter Zusammenarbeit mit dem Verlag Scheidegger & Spiess realisieren. Unser Dank geht an Thomas Kramer und Cornelia Mechler. Das Lektorat der Textbeiträge besorgte Karin Schneuwly, und die Gestaltung dieses nun hier vorliegenden, sehr schönen Katalogs lag in den Händen von Jacqueline Schöb, die von Stefanie Beilstein und Vera Reifler unterstützt wurde.

Ganz herzlich möchte ich mich bedanken für die Beratung und das Engagement der externen Fachleute im Bereich der Astrophysik, bei Ben Moore von der Universität Zürich, mit dem wir einen Film produzieren durften, sowie bei Matthias Hofer und Urs Scheifele und dem Förderverein des Planetariums Zürich. Ihr Planetarium ist ein fester Bestandteil der Ausstellung, und wir schätzen uns glücklich, dass wir die beiden Fachleute, die viel Erfahrung in der Vermittlung astronomischen Wissens haben, für unser Projekt gewinnen konnten.

Ebenfalls bereichernd ist die von Thomas Fischer und Julia Morf von pulp.noir geschaffene Installation und das wunderbare Gesprächsprogramm, das Rolf Probala für uns konzipiert hat.

Unser bester Dank geht an die Leihgeber, die trotz unserer kurzfristigen Anfrage bereitwillig Werke aus ihren Sammlungen zur Verfügung gestellt haben: The Walters Art Museum, Baltimore: Robert M. Mintz; Museum der Kulturen Basel: Anna Schmid; Ägyptisches Museum und Papyrussammlung, Berlin: Friederike Seyfried und Mariana Jung; Staatsbibliothek Berlin: Barbara Schneider-Kempf und Christoph Rauch; Bernisches Historisches Museum, Bern: Jakob Messerli und Thomas Psota; Übersee-Museum Bremen: Wiebke Ahrndt; Bibel+Orient Museum, Universität Fribourg: Christoph Uehlinger, Othmar Keel und Leonardo Pajarola; Bibliothèque de Genève: Alexandre Vanautgaerden; Musée d'histoire des sciences, Genf: Jacques Ayer und Stéphane Fischer; Rijksmuseum Volkenkunde Leiden: Stijn Schoonderwoerd; Grassi Museum für Völkerkunde zu Leipzig: Birgit Scheps-Bretschneider; Musée d'Histoire Naturelle et d'Ethnographie, Lille: Marion Gauthier und David Verhulst; Sammlung David A. King, London: David A. Sulzberger; Bina und Navin Kumar Jain, New York; The Rubin Museum of Art, New York: Jan van Alphen und Michelle Bennet; Zimmerman Family Collection, New York: Ivan Zimmerman; Musée national des arts asiatiques – Guimet, Paris: Sophie Makariou und Nathalie Bazin; Kantonsbibliothek Vadiana, St. Gallen: Sonia Abun-Nasr und Raffael Keller; Stiftsbibliothek St. Gallen: Cornel Dora; Kantonsarchäologie Schaffhausen/Museum zu Allerheiligen: Markus Höneisen; Linden-Museum Stuttgart: Inés de Castro; Österreichische Nationalbibliothek, Wien: Johanna Rachinger; Weltmuseum Wien: Steven Engelsman und Gabriele Weiss; Stadtbibliothek Zofingen: Cécile Vilas; ETH-Bibliothek Zürich: Wolfram Neubauer und Meda Diana Hotea; Schweizerisches Nationalmuseum, Zürich: Andreas Spillmann und Bernard A. Schüle; Markus O. Speidel, Zürich; Stiftung der Werke von C.G. Jung, Zürich: Thomas Fischer und Bettina Kaufmann; Uhrenmuseum Beyer Zürich: Monika Leonhardt; Völkerkundemuseum Zürich: Mareile Flitsch, Katharina Haslwanter, Thomas Laely und Martina Wernsdörfer; Zentralbibliothek Zürich mit Bibliothek Oskar R. Schlag: Susanna Bliggenstorfer, Urs Fischer, Jost Schmid-Lanter, Urs Leu und Anett Lütteken. Schliesslich danken wir herzlich Barbara und Eberhard Fischer, die uns anlässlich der Ausstellung ein indisches Jain-Manuskript als Geschenk übergeben haben.

Bei der Realisierung der Ausstellung war wiederum das gesamte Ausstellungs- und Produktionsteam des Museums tatkräftig dabei. Das vielfältige Material und die zahlreichen multimedialen Installationen waren eine grosse Herausforderung bei der Ausstellungsgestaltung, die Martin Sollberger und sein Team, mit Jacqueline Schöb, Vera Reifler, Masus Meier und Rainer Wolfsberger, mit Bravour lösten. Den umfangreichen Leihverkehr mit seinen komplexen Abläufen organisierte Andrea Kuprecht. Für die Montage der Objekte waren Walter Frei und Jean-Claude Plattner zuständig. Marketing und Kommunikation lagen in Händen von Christine Ginsberg und ihrem Team. Die Kunstvermittlung unter der Leitung von Caroline Spicker erarbeitete das Workshop-Angebot. Die Anlässe und Führungen im Rahmen der Ausstellung werden von Caroline Delley organisiert. Valeria Fäh und Patrizia Zindel sind für die Finanzen und das Personal zuständig. Herzlichen Dank an sie alle! In meinen Dank schliesse ich freilich auch alle mit ein, die dann von der Eröffnung der Ausstellung an zum Einsatz kommen: die Teams an der Kasse, im Shop, in der Aufsicht und im Café. Ich hoffe, dass diese für ein vielfältig interessiertes Publikum angelegte Schau auf grosse Resonanz stossen wird, und ich danke nochmals allen, die uns bei den Vorbereitungen geholfen haben.

Albert Lutz

Raji Steineck und Christoph Mittmann

Japanische Kosmologien der Fülle: von der Entstehung des Landes aus einem Schilfschössling zur Vielfalt von Planetensystemen

«*Der Name des Gottes, der im hohen
Himmelsfeld entstand, als Himmel und Erde
erstmals erschienen, war Herrscher-Gottheit
der erhabenen Mitte des Himmels. Darauf
folgend Hocherhabene Gottheit der Hervorbringung. Darauf folgend Göttliche Gottheit
der Hervorbringung. Diese drei erhabenen
Wesen waren alleinstehende Gottheiten,
und sie verbargen ihren Leib. Der Name des
Gottes, der darauf folgte, als das Land frisch
nach oben trieb wie Öl und schwebte wie
eine Qualle, und der durch ein Ding gebildet
wurde, das wie ein Schössling nach oben aus-
trieb, war Gott voller Lebenskraft wie ein
schöner Schilfschössling.*» (Kojiki, Buch →1)[1]

«*Vor alters waren Himmel und Erde noch
nicht geschieden und Yin und Yang noch
nicht getrennt, und sie bildeten ein Gemenge
gleichsam wie ein Hühnerei. Diese trübe
Masse enthielt einen Keim [zur Trennung].
Das helle Yang davon breitete sich lang
gezogen hin aus und wurde zum Himmel.
Das Schwere und Trübere blieb zurück
und wurde schliesslich zur Erde. Das Feine
versammelte sich leicht, aber das Schwere
und Trübe ballte sich nur mühsam zusammen. Daher bildete sich der Himmel,
und danach nahm die Erde eine bestimmte
Form an. Darauf entstanden zwischen ihnen
göttliche Wesen. Daher heisst es, dass im
Aufgang der Welt der Länderboden nach
oben trieb gleich einem Fisch, der im Wasser
umherschwimmt. Nun wurde zwischen
Himmel und Erde ein Ding. Seine Gestalt
glich einem Schilfschössling, und es
verwandelte sich sogleich in eine Gottheit.
Ihr Name war Dauerhaftes Bestehen des
Landes.*» (Nihon shoki, Buch →1)[2]

Kosmogonien des Altertums

Die japanische Literatur beginnt mit neun
Weltentstehungs-Erzählungen. Schon der
Textbestand macht deutlich, dass hier nicht
einfach eine alte mündliche Überlieferung
wiedergegeben wird. Vielmehr stehen verschiedene Darstellungen zueinander in Konkurrenz.
Sie verteilen sich auf die zwei Werke *Kojiki*
(«Aufzeichnungen alter Angelegenheiten»,
datiert 712) und *Nihon shoki* («Dokumente

und Annalen von Japan», datiert 720). Eine
Erzählung steht dabei im Vorwort, eine weitere
am Anfang des Haupttextes des *Kojiki*. Die
restlichen sieben finden sich im *Nihon shoki*,
das zwischen einer Haupterzählung und
sechs nachrangigen Varianten unterscheidet.
Die Haupterzählung ist wiederum aus zwei
Teilen zusammengefügt. Sie beginnt mit einem
Auszug aus chinesischen Quellen, dem eine
Erzählung folgt, die durch die verwendeten
Namen als einheimisch ausgewiesen wird.
Die Kosmogonie im Vorwort des *Kojiki* stimmt
inhaltlich mit diesem Haupttext des *Nihon
shoki* überein. Dagegen wird die Version des
Kojiki-Haupttextes im *Nihon shoki* nur als
letzte Variante aufgeführt.

Den gemeinsamen Kern bildet die Erzählung von der Entstehung des Landes aus einem
Schilfschössling. Diese Szene hat einen viel
engeren Horizont als die ihr jeweils vorange-
stellten Passagen, die vom Weltanfang ins-
gesamt sprechen. Insofern dokumentieren beide
Quellen eine Ausweitung des Blicks von einer
engen regionalen Perspektive auf eine kos-
misch-umfassende. Diese Entfaltung entspricht
dem damals neuen Anspruch der Herrscher
Japans, ein eigenes Imperium zu vertreten, eines,
das den Imperien auf dem Kontinent ebenbürtig ist. Nicht mehr nur «Grossfürsten» (*ōkimi*),
sondern «himmlische Herrscher» (*tennō*)
wollen sie nun sein. Dafür bedarf es jedoch
einer kosmisch geweiteten Vorstellung der Welt,
für welche Altes und Neues geschickt kombi-
niert wird.

Die beiden Texte verfolgen diesbezüglich
unterschiedliche Strategien: Das *Nihon shoki*
präsentiert das neue Imperium als integralen
Teil der ostasiatischen, von China kulturell
dominierten Welt. Es führt am Anfang also vor,
wie die japanischen Überlieferungen sich in
das Weltbild dieses Wirkungskreises einfügen.
Der Kosmos entsteht aus der Trennung und
dem harmonischen Zusammenspiel der beiden
Grundkräfte Yin und Yang. Das Yang, das Helle,
Geistige, Männliche, ist dabei zur Herrschaft
bestimmt. Das *Kojiki* wählt die Form einer
erweiterten Genealogie: Die Welt, das heisst
der japanische Herrschaftsbereich, wird belebt
und getragen von einer kontinuierlichen Herr-
scherlinie. Deren Aktivität bringt beständig
Neues hervor und erhält die Fülle des Lebens.
In beiden Fällen erscheint der Herrscher als

Garant der Produktivität einer vornehmlich agrarischen Gesellschaft.

Neuzeitliche Kritik

Im Laufe der Geschichte wurden die Kosmogonien des *Kojiki* und des *Nihon shoki* zusammengeführt. Man nahm an, dass sich aus den ersten Anfängen eine Art dreistöckiges Weltgebäude entwickelte, bestehend aus Himmel, Erde und Unterwelt. Dieses Weltbild wurde zunächst zur buddhistischen Kosmologie in Beziehung gesetzt. Ab dem 16. Jahrhundert erlangte man dann auch Kenntnis der westlichen Astronomie und Physik, was die japanischen Gelehrten veranlasste, sich mit den hergebrachten Kosmologien aus einer neuen Perspektive auseinanderzusetzen. Wesentliche Elemente der neueren Astronomie wie die Kugelgestalt der Erde oder das heliozentrische Weltbild waren mit den älteren Vorstellungen nicht mehr vereinbar →1.

Eine eklektische Antwort auf dieses Problem gab der Klassizist Hattori Nakatsune (1757–1824) in seiner Schrift *Sandaikō* («Gedanken zu den drei Ebenen», 1791). Er versucht darin, einen Ausgleich herzustellen: Die Welt habe sich aus einer ursprünglichen Masse, in der auch die mythischen Gottheiten existierten, hin zu einem Kosmos mit drei Sphären entwickelt. Allerdings stellt er sich diese nicht mehr als drei übereinanderliegende horizontale und stationäre Ebenen vor, sondern verortet sie in den drei Himmelskörpern Erde, Mond und Sonne. Die Unterwelt befinde sich im Mond, die Himmelswelt mit ihren Gottheiten in der Sonne. Beide kreisen um die Welt der Menschen, die Erde, die im Zentrum des Kosmos stehe →2.

Der bürgerliche Gelehrte Yamagata Bantō (1748–1821) kritisierte solche Harmonisierungsversuche harsch. Yamagata widmet den Themengebieten Astronomie und Kosmologie das gesamte erste Buch seines Lebenswerks *Yume no shiro* («Anstelle von Träumen», 1820). Unter anderem stellt er darin auch den Lösungsvorschlag von Hattori Nakatsune kurz vor, nur um ihn anschliessend heftig zu bestreiten. Für Yamagata ist Hattoris Werk «eine seltsame Lehre ohnegleichen. Seiner Ingeniosität sollte man nacheifern, seiner Ignoranz jedoch nicht.»[3] Vor allem findet er es unannehmbar, dass Hattori sich auf das *Kojiki* stützt, da dieses doch nur eine Sammlung von nicht belegbaren Geschichten sei.

Yamagata stellt dem seine eigene Kosmologie gegenüber. Dabei orientiert er sich hauptsächlich an europäischen Werken zur Astronomie, die ihm in chinesischer und später auch in japanischer Übersetzung zur Verfügung standen, sowie an den Erkenntnissen des berühmten japanischen Astronomen Asada Gōryū (1734–1799). Das Weltbild, das er durch seine Studien erlangte, zeichnet er im Werk *Yume no shiro* in Wort und Bild wie folgt: Der Kosmos besteht aus einer dunklen Welt, dem Weltall, in dem unzählige helle Welten, das heisst Sonnensysteme, existieren. Diese haben je einen Stern im Zentrum, um den Planeten kreisen. Manche davon verfügen über eigene Monde, und je nach Grösse des Sterns kann die Anzahl, Grösse und Beschaffenheit der Himmelskörper variieren. Grundlage für die Existenz von Leben ist das Licht des Sterns, die dunkle Welt selbst ist unbewohnt. Götter finden in diesem Weltbild keinen Platz →3.

Dass seine Kosmologie ihrerseits viele Fragen offen liess, nicht zuletzt die nach dem Ursprung des Universums, war Yamagata bewusst. Allerdings konnten diese Fragen seiner Ansicht nach zu diesem Zeitpunkt noch nicht beantwortet werden. Sie waren an zukünftige Generationen zu richten.

Mit seiner Ausrichtung auf empirisch belegbares Wissen und der Hinwendung zur weiteren Entwicklung der Forschung steht Yamagata an der Wende zur kapitalistischen Moderne. Nicht zufällig entstammt er der Schicht des Handelsbürgertums, das Anfang des 19. Jahrhunderts in Japan politisch zwar noch keine Macht besass, aber schon die Zügel des wirtschaftlichen Lebens in der Hand hielt. Auch ihm dient die Betrachtung des Kosmos als Vehikel der Legitimation: Aber jetzt ist es nicht mehr die zentrale Autorität der Herrscher, die das kosmische Weltbild begründen soll, sondern im Gegenteil eine Gesellschaft des Pluralismus, in der nicht Herkunft, sondern Fähigkeiten und Leistung über den Status entscheiden.

→1   Kosmologie des Buddhismus mit dem Berg Sumeru im Zentrum | Yamagata Bantō, *Yume no shiro* («Anstelle von Träumen»), 1820

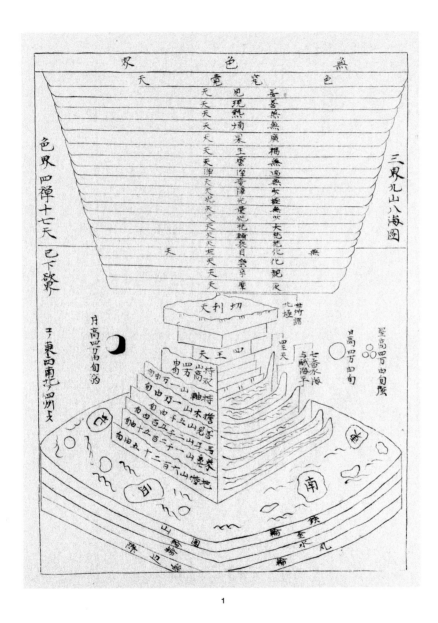

三界九山八海図

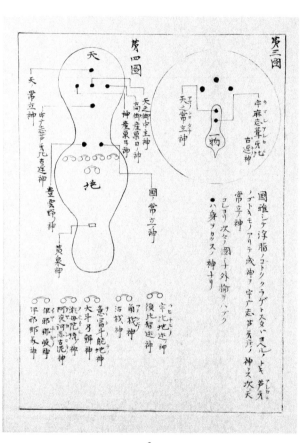

第三図

第四図

天

地

物

天之御中主神
高御産巣日神
神産巣日神
天之常立神
宇比志阿斯訶備比古遅神
天常立神
豊雲野神
国之常立神
黄泉神

宇麻志阿斯訶備比古遅神
天之常立神
常立神

国稚ニシテ浮脂ノコトクシテラゲトスタゝヨヘルトキ芦牙
ノゴトキモノアリテ成神ヲ宇广志芦阿斯訶
備比古遅神ト云
コレヨリ次ノ図ニヲ外揃ヲハアク
ハ身ヲカクスノ神ナリ
神ヲ次ニ天

宇比地邇神
須比智邇神
角杙神
活杙神
意富斗能地神
大斗乃弁神
於母陀流神
阿夜訶志古泥神
伊邪那岐神
伊邪那美神

2

→ 2 Kosmologie im *Sandaikō* | Yamagata Bantō, *Yume no
shiro* («Anstelle von Träumen»), 1820

→ 3 Der Kosmos ohne Götter | Yamagata Bantō, *Yume no
shiro* («Anstelle von Träumen»), 1820

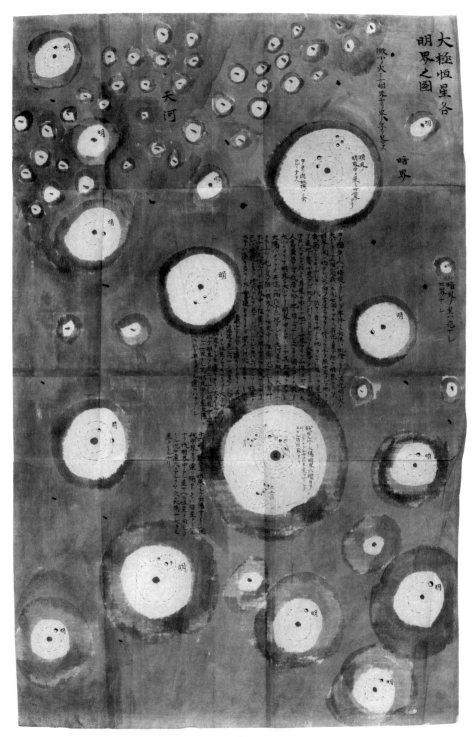

Alexandra von Przychowski

Mandat des Himmels: die Beziehung zwischen Mensch und Himmel im alten China

Die Sterne zu beobachten und Erscheinungen am Himmel aufzuzeichnen und zu interpretieren, gehörte im alten China zu den wichtigsten Aufgaben der Herrscherhäuser. Schon früh hatte man die Regelhaftigkeit in den Bewe-gungen der Sterne erkannt und sah darin eine überzeitliche, perfekte universelle Ordnung. Nach dieser galt es die menschliche Gesellschaft auszurichten und so eine Harmonie zwischen Himmel und Erde herzustellen.

Aus den zyklischen Bewegungen der Himmelskörper konnte man den Ablauf der Jahreszeiten ablesen und die landwirtschaftlichen Arbeiten im Voraus planen. Ein einfacher Kalender findet sich schon in den ältesten Schriftquellen Chinas, den Orakelknocheninschriften aus dem 13. Jahrhundert v. Chr.[1] Das Knochenorakel diente dem Herrscher und obersten Priester dazu, den Willen der vergöttlichten Ahnen zu ermitteln, um diese wohlwollend zu stimmen. Wetter und Ernteerfolg waren dabei wichtige Elemente. In den Inschriften wurden aber auch Unregelmässigkeiten am Himmelszelt festgehalten wie Sonnen- und Mondfinsternisse und die Erscheinung von Kometen.

Mit dem Beginn der Zhou-Dynastie im 11. Jahrhundert v. Chr. festigte sich die Idee, dass ein unpersönlicher, vergöttlichter Himmel den Herrschern ihre Legitimation übertragen habe. Durch ungewöhnliche Erscheinungen reagiere der Himmel auf die Geschehnisse auf der Erde und kommentiere die Regierung des Herrschers. Dabei konnte beispielsweise eine Mondfinsternis als positives oder auch als negatives Zeichen interpretiert werden. Die Oberhoheit über die Deutung solcher Omen wurde damit zu einem wichtigen politischen Instrument.

Infolgedessen wurden an den Herrscherhöfen spezielle Ämter für Himmelsbeobachtungen eingerichtet. Der berühmte erste Kaiser von China, Qin Shihuangdi (reg. 221–210 v. Chr.), soll beispielsweise 300 Astronomen an seinem Hof beschäftigt haben. Sie hatten die Aufgabe, alle Erscheinungen am Himmel aufzuzeichnen, zu deuten und angemessen darauf zu reagieren. Gute Omen wurden als Zeichen der Zustimmung des Himmels zur Regierung auf der Erde im ganzen Land verbreitet. Schlechte Omen wurden als Kritik des Himmels verstanden. Der Herrscher musste

darauf mit Reue und Besserungsversuchen reagieren, denn man war überzeugt, dass der Himmel dem Herrscher das Mandat zur Regierung auch wieder entziehen konnte. Negative Zeichen des Himmels wurden daher auch als Legitimation zur Rebellion gegen das Herrscherhaus gelesen.

Als besonders starke Zeichen galten die Bewegungen der Planeten, die relativ willkürlich zwischen den Fixsternen herumzuwandern schienen. Die frühesten erhaltenen Geschichtsaufzeichnungen aus China, die sogenannten Bambusannalen aus dem 3. Jahrhundert v. Chr., berichten, dass Mitte des 11. Jahrhunderts v. Chr. «die fünf Planeten zusammenkamen [...] ein purpurner Vogel erhob sich über dem Erdaltar der Zhou [...] in seinem Schnabel hielt er das Jadezepter der Macht». Heute können wir für Ende Mai des Jahres 1059 v. Chr. ein ungewöhnlich nahes Aufeinandertreffen der fünf Planeten nachweisen. Diese eindrucksvolle und gut sichtbare Erscheinung am Himmel wurde als deutliches Zeichen gelesen, dass den Königen der Shang-Dynastie das Mandat des Himmels entzogen und den Zhou übertragen worden war.[2] Das gleiche Omen machte sich der Feldherr Liu Bang zunutze, der im späten 3. Jahrhundert v. Chr. nach der Rebellion gegen die Qin-Dynastie mit zwei anderen Heerführern um die Macht konkurrierte und später als Kaiser Gaozu (reg. 202–195 v. Chr.) die Han-Dynastie begründete. In seinen Geschichtsaufzeichnungen liess er ein Aufeinandertreffen der Planeten um neun Monate vordatieren, sodass die Himmelserscheinung mit seiner Eroberung der Hauptstadt der Qin zeitlich zusammenfiel – ein klares Zeichen, dass der Himmel ihm das Mandat zur Herrschaft übertragen hatte.[3]

Im bürokratisierten Regierungssystem der Han-Dynastie nahm das Amt zur Beobachtung der Himmelserscheinungen einen wichtigen Platz ein. Illustrierte Kataloge zur korrekten Identifizierung von Omen wurden im ganzen Reich verbreitet, damit die Lokalbeamten eine ungewöhnliche Erscheinung am Himmel oder auf der Erde sofort interpretieren und an den Kaiserhof melden konnten. Bei der Sichtung von guten Omen wurden sie reich belohnt mit Beförderung sowie Steuerbefreiung oder grosszügigen Geschenken für die gesamte Bevölkerung ihres Verwaltungsgebiets. Entsprechend stieg die Anzahl der Berichte über das Erscheinen guter Omen bald sprungartig an.[4]

Die Förderung durch den Kaiserhof führte zu einer Systematisierung der Himmelserscheinungen und zu technischen Fortschritten in der Astronomie. Während der Zeit der Streitenden Reiche (403–321 v. Chr.), als das chinesische Kernland von mehreren kleinen Königreichen regiert wurde, entwickelten Astronomen der verschiedenen Königshöfe unterschiedliche Systeme zur Darstellung des Sternenhimmels. Unter der Han-Dynastie wurden diese zusammengefasst und vereinheitlicht. Im 3. Jahrhundert n. Chr. verzeichnete der Astronom Chen Zhou 1464 Sterne in 283 Konstellationen. Seine Sternenkarte wurde zum Vorbild für alle späteren Darstellungen des Nachthimmels →2.[5]

Als Fixpunkt diente in der Kartografie der nördliche Himmelspol, um den von der Erde aus gesehen alle Sterne zu kreisen schienen. Vom Himmelspol ausgehend, wurde der Himmel in 28 Segmente unterteilt, die als *xiu* (Haus) bezeichnet werden. Jedes *xiu* beherbergte eine Konstellation, die ungefähr auf dem Himmelsäquator lag. Je nach Grösse der Konstellation variierte die Breite eines Segments zwischen 1 und 33 Grad.[6] Anhand der «Häuser» wurden die Koordinaten aller Sterngruppen definiert, ebenso wie der Stand von Sonne, Mond und Planeten sowie der Erscheinungsort von Kometen oder Supernovas, die in China erstmals im Jahr 185 v. Chr. beschrieben wurden.

Nur wenige Sternbilder im chinesischen System stimmen mit den Sternbildern in der abendländischen Tradition überein. Oft tragen sie Namen, die einen bestimmten Titel, einen Rang oder einen Verwaltungsposten bezeichnen und so die menschliche Gesellschaftsordnung auf den Himmel übertragen. So nannte der berühmte Historiker und Astronom Sima Qian (ca. 145–90 v. Chr.) das Kapitel über den Sternenhimmel in seinem umfassenden Geschichtswerk *Historische Aufzeichnung (Shiji)* denn auch «Buch der himmlischen Ämter». In der Polargegend lokalisierte er den Palast des Himmelsherrschers. Im Sternbild des Grossen Wagens – der in China als «Messbecher» bezeichnet wird – fährt er über den Himmel und stattet seinen Beamten Kontrollbesuche ab →1.

In diesen Bezeichnungen spiegelt sich die Vorstellung, dass Erscheinungen am Himmel das Verhalten der Herrscher kommentieren, doch hatte sich zu Sima Qians Zeiten schon die Idee durchgesetzt, dass sich am Himmel auch das Schicksal des Einzelnen ablesen liesse. Astrologische Berechnungen und Bestimmungen sollten bis in die Neuzeit im öffentlichen und privaten Leben der Chinesen eine grosse Rolle spielen.

Während die Himmelserscheinungen akribisch aufgezeichnet und interpretiert wurden, beschäftigte die Frage, wie der Kosmos beschaffen sei, die Astronomen weit weniger. In allen frühen Quellen aus der Zeit vor Christus findet sich die Vorstellung, dass die Erde viereckig sei und der Himmel sich als runder Schirm darüber erhebe →3. Diese *gaitian*- beziehungsweise Himmelsgewölbe-Theorie wurde im ersten Jahrhundert von der *huntian*- oder Himmelskugel-Theorie abgelöst. Der Himmel wurde als Kugel angesehen, in deren Mitte die Erde wie das Eidotter in einem Ei schwebte. Gleichzeitig entstand die *xuanye*-Schule, die Schule der unendlichen Leere, die den Himmel als unendlichen Raum betrachtete, in dem die Sterne sich bewegten. Die Vorstellung der *huntian*-Schule blieb jedoch bis in die Neuzeit vorherrschend, denn sie eignete sich am besten für die Abbildung des Himmels als Karte oder Himmelsglobus. Woraus der Himmel gemacht war und wie die Sterne befestigt waren, wurde nicht thematisiert.[7]

Chinesische Wissenschaftler kamen immer wieder in Kontakt mit anderen astronomischen Systemen, wie dem indischen im 8. Jahrhundert und dem arabischen im 12. Jahrhundert, schienen aber, jedenfalls wenn man vom dokumentierten Wissen ausgeht, kaum davon beeinflusst worden zu sein. Im 16. Jahrhundert dienten jesuitische Gelehrte am Hof des Kaisers und trugen massgeblich zur Verfeinerung der astronomischen Messmethoden bei; ihre Erkenntnisse wurden aber in rein chinesischen Sternkarten umgesetzt.

→ 1 Der Himmelsherrscher fährt im Sternbild des Grossen Wagens über den Himmel | China, 2. Jh. v. Chr.

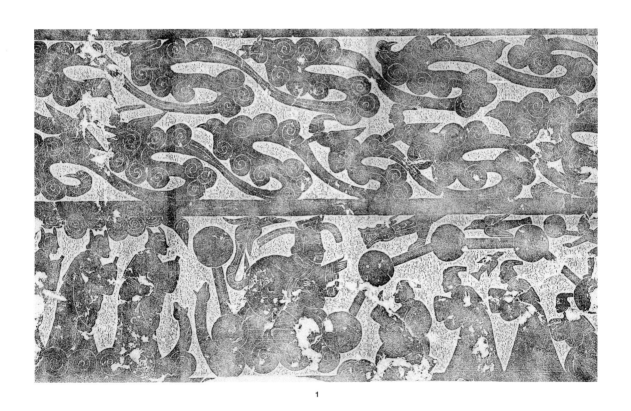

1

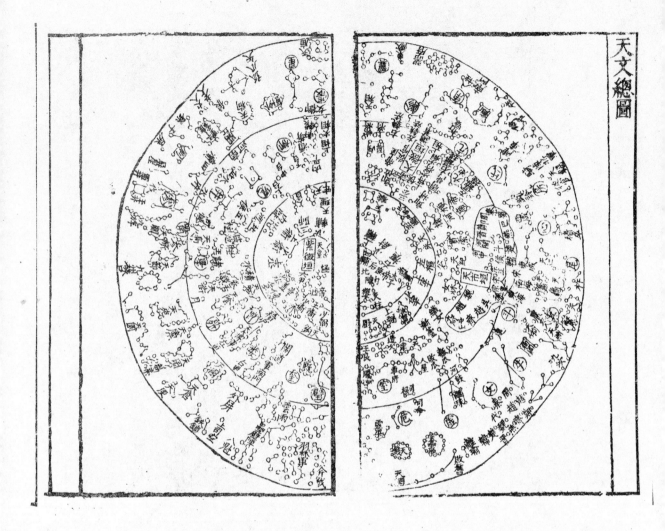

天文總圖

2

→ 2   Sternenkarte aus der Enzyklopädie
Sancai tuhui, 1609

→ 3   Spiegel mit kosmologischem Dekor |
China, 1. Jh. n. Chr.

Ingo Nentwig

Der Wettkampf zwischen Brüdern oder die Schildkröte, die den Lehm versteckt – Schöpfungsmythen der Ewenken

Alle nordtungusischen Völker, die Ewenken, Ewenen, Negidalen und Oroqen, umfassen heute nur knapp 100 000 Menschen. Unter ihnen bilden die Ewenken mit rund 68 000 Angehörigen die grösste Gruppe. Sie leben grösstenteils in Russland, China und in der Mongolei und sind dabei über ein gewaltiges Gebiet vom Ob im Westen bis zum Ochotskischen Meer im Osten, vom Arktischen Ozean im Norden bis nach Nordostchina (Mandschurei) im Süden verstreut. Die traditionelle Produktions- und Lebensweise der Ewenken war die Jagd in Taiga und Tundra, verbunden mit Rentierhaltung oder sogar Rentierzucht. In den letzten Jahrhunderten gingen – durch Migration und Anpassung – einige Gruppen zur Wanderviehwirtschaft im Grasland, andere sogar zu waldgestützter Landwirtschaft über.

Schon die Grösse ihres Verbreitungsgebiets machte eine kohärente Mythologie der Ewenken unmöglich. Hinzu kommt, dass sie in den vergangenen Jahrhunderten starken Einflüssen expansiver Kulturen ausgesetzt waren, die regionale Unterschiede noch verstärkten. Von Westen war es das orthodoxe Christentum der Russen, aus dem Süden waren es verschiedene Richtungen des Buddhismus, vertreten von Han-Chinesen und Mongolen, die die Glaubensvorstellungen der Ewenken beeinflussten und auch auf die mythischen Überlieferungen einwirkten, die nur mündlich weitergegeben wurden. Eine Unterscheidung zwischen «ursprünglich ewenkischen» und «übernommenen fremden» Elementen ist heute nicht mehr sinnvoll.

Vor und während dieses Prozesses standen die Ewenken in kulturellem Kontakt und Austausch mit dem Turkvolk der Sachalar (Jakuten), mit samojedischen, paläosibirischen und vor allem südtungusischen Völkern, besonders den Mandschuren. Gerade in der Mythologie sind hier zahlreiche Gemeinsamkeiten und Parallelen zu beobachten. Versuche sowjetischer[1] und chinesischer[2] Wissenschaftler, eine systematische Mythologie der Ewenken zu konstruieren, sind zwar bis heute wertvolle Beiträge zum Verständnis ihrer Mythen, dokumentieren aber gleichzeitig die Unmöglichkeit dieses Unterfangens. Sowjetische, russische und chinesische Volkskundler und Ethnologen haben in den letzten knapp 150 Jahren ein grosses, fast schon unüberschaubares Korpus mündlicher Überlieferungen der Ewenken zusammengetragen, darunter auch zahlreiche kosmogonische und kosmologische Mythen.

Das Universum wird grundsätzlich in drei Welten aufgeteilt: die Oberwelt (ugi buga), die Mittlere Welt (dulin buga) und die Unterwelt (ergi buga). Auch wenn heute die vertikale Ausrichtung eindeutig ist, spricht doch vieles dafür, dass «unten» ursprünglich der Norden war und «oben» der Süden. Die erlebte Landschaft weiter Teile Sibiriens erschien den Ewenken nach Norden geneigt, da die Flüsse nordwärts fliessen. Das Totenreich liegt in dieser «unteren» nördlichen, dunklen Welt, in der die Sonne nicht scheint. Die Oberwelt, in der sich auch die Sonne befindet, liegt dementsprechend im Süden. Somit ist auch diese Vorstellung nicht völlig horizontal, und es kann davon ausgegangen werden, dass die vertikale Dreiteilung keineswegs eine reine Übernahme aus Christentum und Buddhismus (Himmel, Erde, Hölle) war. Inhaltlich entspricht die ewenkische Dreiteilung diesem Schema sowieso nicht: Die Ober- und die Unterwelt werden analog zur Mittleren Welt gedacht, wobei in der einen die oberen Geister leben, die «Herren der Naturerscheinungen», in der anderen die unteren Geister und im Totenreich (buni), das einen grossen Teil der Unterwelt einnimmt, die Totenseelen der Menschen. Bei einigen westlichen Gruppen der Ewenken haben die Totenseelen der Schamanen noch eine eigene, tiefer liegende Unterwelt, die šaman ergi. Da sich ein grosser Teil ihrer Aktivitäten in der Unterwelt der gewöhnlichen Menschen abspielt, ist diese für sie eine mittlere. Die Unterwelt ist invers zur Mittleren Welt – was also in der einen Welt lebt, ist in der anderen tot, was in der einen gross ist, ist in der anderen klein, und was in der einen ganz ist, ist in der anderen geteilt. Die Welten sind durch Öffnungen miteinander verbunden, die durch einen Baum oder eine Stange markiert werden. Sie können von Geistern und Schamanen in beide Richtungen genutzt werden, aber der Wechsel von der einen in die andere Welt ist in jedem Fall mit Schwierigkeiten verbunden, bei den Schamanen mit einer grossen Zeremonie und einem Zustand der Trance. Die Totenseelen gewöhnlicher Menschen benötigen oft die Hilfe von Schamanen, wenn sie ihren Platz in der Unterwelt erreichen wollen. Eine Rück-kehr in die Mittlere Welt ist für sie nur mit Hilfe eines sehr mächtigen Schamanen und nur kurze Zeit nach dem Tod möglich.

Vergleicht man die mythischen Über-lieferungen der russischen Ewenken über die Entstehung der Welt, dann lassen sich vier Grundtypen unterscheiden:[3] Im ersten wird das Wachsen der heutigen Welt aus einer Miniaturwelt, in der die Bäume so gross wie Gräser sind, beschrieben. Im zweiten lässt eine Schöpfergottheit eine Ente oder einen Frosch im unendlichen Meer tauchen und Erde heraufholen, damit die Mittlere Welt entsteht, die bis dahin aus Wasser war und auf der es folglich keine Landwesen gab. Im dritten Grundtypus erschaffen zwei «göttliche Brüder» die Welt in einem Wettbewerb. Der ältere unterliegt dabei dem jüngeren und wird zu einer Verkörperung des Bösen. Unter russi-schem Einfluss wird er mit Satan identifiziert, sein jüngerer Bruder mit Christus. Nach dem vierten Typ entsteht die Oberwelt aus einem Eifersuchtsdrama zwischen Sonne, Mond und einer Sonnentochter. Letztere heiratet einen irdischen Mann, der aber auch mit Sonne und Mond eine Liebschaft eingeht. Es kommt zu Flucht, Verfolgung und Gewalt, die damit enden, dass die Schöpfergottheit Sonne und Mond am Himmel fixiert.

Die Weltschöpfungsmythen der Ewenken in China lassen sich ebenfalls auf einige Grundformen zurückführen: Nach der einen wird ein anthropomorphes Urwesen vom Blitz getroffen und getötet. Sein Kopf steigt auf und wird zum Himmel mit der höchsten Himmelsgottheit; sein Rumpf wird zur Mittle-ren Welt mit Menschen und anderen Wesen; sein Unterleib sinkt ab und wird zur Unterwelt mit allerlei Teufeln und Dämonen. In den Erzählungen der zweiten Grundform schafft eine Schöpfergottheit eine Miniaturwelt, die sie aber wieder verwirft, weil sie für Men-schen nicht geeignet ist. Die Gottheit schafft eine zweite Welt, mit der zusammen eine mächtige Schamanin erscheint, die dabei hilft, die Welt wachsen zu lassen. Auch bei der Erschaffung der Menschen aus Lehm arbeiten beide zusammen: Die Schamanin muss eine Schildkröte (manchmal auch eine Kröte) besiegen, die den Lehm verbirgt. Später muss diese entweder auf dem Rücken liegend mit

ihren vier Beinen oder auf dem Bauch liegend mit ihrem Panzer die Welt beziehungsweise das Himmelsgewölbe tragen. Die zahlreichen eigenständigen Mythen, die Himmelskörper und Naturerscheinungen (Wind, Donner, Regen), also die Ausgestaltung der Welt, erklären, können zu einer dritten Form zusammen-gefasst werden. Als vierte Grundform gibt es noch die Überlieferung einer «Ur-Schamanin», die die «Mutter» aller Menschen sei.

Hinzu kommen mehrere Beispiele für Neubegründungen der Menschheit oder eines Teils davon nach einer grossen Flut (mit Notlagen-Inzest) oder mithilfe eines tierischen Geschlechtspartners (Bär, Fuchs). In diesen Fällen gibt es aber zuvor bereits Menschen.

Die Erschaffung der Welt durch zwei Wesen erscheint hier als der gemeinsame Kern der mythischen Kosmogonie. Während bei den Ewenken in China die Schöpfergottheit mit einer Ur-Schamanin zusammenarbeitet, konkurrieren in Russland zwei Brüder und führen zusammen mit der Schöpfung die Dichotomie von Gut und Böse ein. Die über-höhte Stellung einer Ur-Schamanin könnte auf mongolische und mandschurische Einflüsse zurückgehen, da beide Völker in China staats-förmige schamanische Herrscherkulte eta-bliert hatten. Ob die Dichotomie einer «guten» und einer «bösen» Schöpfergottheit allein auf russisch-christliche Einflüsse zurückgeht oder bereits in der Unterscheidung hilfreicher und schädlicher Geister angelegt war, ist nicht mehr eindeutig festzustellen.

Martin Brauen

Die Relativität der Welterfahrung: Kosmologien im Buddhismus

Der Buddhismus kennt mehrere kosmologische Theorien, die sich zwar nicht grundsätzlich unterscheiden, aber dennoch deutliche Unterschiede aufweisen. Eine ist im Abhidharmakosa enthalten, das in Indien im 5. Jahrhundert von Vasubandhu verfasst wurde. Griechische beziehungsweise arabische Vorstellungen mögen dafür Pate gestanden haben, wir wissen es jedoch nicht. Eine andere hier dargestellte Kosmologie entstand um 1000 n. Chr. im Zusammenhang mit der Vernichtung buddhistischer Zentren in Indien, der Wiederbelebung des tibetischen Buddhismus sowie dem Aufkommen der sogenannten Kalachakra-Tradition.

Der Abhidharmakosa-Kosmos

Gemäss Vasubandhu besteht jedes Weltsystem, von denen es eine nahezu unendliche Anzahl gibt, aus einem gigantischen zylindrischen Sockel, dessen Oberfläche durch Wasser und Berge gegliedert ist und über dem sich der Himmelsbereich befindet. Für das Entstehen der einzelnen Weltsysteme aus dem «wartenden Raum» war kein Schöpferwesen verantwortlich, vielmehr bewirkte die Kraft der kollektiven Taten oder das «kollektive Karma» früherer Lebewesen, dass aus allen vier Himmelsrichtungen ein unglaublich starker Wind aufkam. Er füllte den leeren Raum und trug zur Bildung der Wolken bei, aus denen sich sintflutartig Wasser ergoss. Die tobenden Orkane formten aus dem Wasser den untersten Baustein eines Weltsystems, den zuvor genannten gigantischen zylindrischen Sockel. Die Winde quirlten den Zylinder weiter, und auf dem Wasser entstand Schaum, der immer schwerer, dicker und gelber wurde. Damit war ein weiterer Bestandteil des Weltzylinders geformt, die goldene Erde, in deren Mitte eine viereckige Bergsäule, der Weltenberg Meru, aufragt→3. Um diesen Berg mit vier seitlichen Terrassen bildeten sich durch weiteres Quirlen sieben goldene Bergwälle, deren Höhe mit ihrer Entfernung vom Berg Meru abnimmt. Zwischen den Bergen liess der Regen grosse Süsswassermeere entstehen, die in ihrer Gesamtheit als «innerer Ozean» bezeichnet werden. Jenseits des äussersten und niedrigsten Goldwalls erstreckt sich ein riesiges Salzwassermeer, auf dem zwölf Kontinente schwimmen, je drei in jeder der vier Himmelsrichtungen – Landmassen, welche beim dritten Quirlen ausgeformt

wurden. Den Rand der goldenen Erdscheibe umschliesst ein achter, aus Eisen gebildeter Wall. Die Welt der Menschen liegt auf dem mittleren südlichen Kontinent, auf Jambudvipa, der die Form eines Dreiecks oder Trapezes hat. Der gesamte so gebildete Weltzylinder besitzt eine Höhe von neun Millionen Kilometern und einen gleich grossen Durchmesser.

Auf der quadratischen Fläche des Berges Meru liegt die ebenfalls quadratisch angelegte Stadt Sudarshana («Schön zu sehen»), in deren Zentrum der Palast des Oberhaupts jener 33 Götter steht, die in diesem Bereich der Welt leben. Es fällt hier wie zuvor die streng symmetrische Anlage auf, nämlich die Gliederung in vier Bereiche, den vier Himmelsrichtungen entsprechend, und ihre Ausrichtung auf die Mitte, die wie im Mandala als fünfte Richtung gilt.

Das buddhistische Weltbild bewertet obere Regionen höher als tiefer angesiedelte. So schweben über dem Bereich der 33 Götter oberhalb des Weltenberges Meru konzentrisch übereinandergestaffelte Himmel, deren Reinheit mit dem Abstand vom Berg Meru zunimmt. Die Götterwelten haben ihr Pendant in der Unterwelt – in Form von acht heissen und acht kalten Höllen unterhalb des von uns Menschen bewohnten Kontinents Jambudvipa.

Nach buddhistischer Auffassung existiert nicht nur ein einziges solches Weltsystem, vielmehr soll es etwas wie Galaxien geben. Tausend Weltsysteme bilden einen «kleinen Kosmos», tausend solcher kleiner Kosmen bilden einen «mittleren Kosmos» und tausend mittlere einen «Giganto-Kosmos», der somit eine Milliarde Weltsysteme umfasst. Alle diese Weltsysteme stehen auf einer Windscheibe, deren Höhe zwar bezifferbar ist, deren Durchmesser aber so gross ist, dass es kein Mass dafür gibt.

Gigantisch sind auch die zeitlichen Perioden, in denen nach buddhistischer Auffassung die einzelnen Weltsysteme entstehen und vergehen, sodass nur noch «wartender Raum» bleibt. Dieser gerät schliesslich durch sachte aufkommende Winde wieder in Bewegung, und ein neuer Kosmos entsteht. Das gesamte Universum unterliegt somit einem ständigen Wandel – es entsteht und vergeht, um von Neuem zu entstehen und zu vergehen.

Die einzelnen Perioden oder «kosmischen Pulsschläge», in Sanskrit als *kalpa* bezeichnet, umfassen ihrerseits solch enorme Zeitspannen, dass sie häufig in Gleichnissen umschrieben, statt mit Jahreszahlen beziffert werden: Man stelle sich einen kubischen Behälter vor, dessen Seiten je ungefähr 15 Kilometer messen und der vollständig mit Haaren gefüllt ist. Als «kleine kosmische Zeiteinheit» wird nach der Tradition die Zeitspanne bezeichnet, die notwendig ist, um den Behälter zu leeren, und zwar, indem alle hundert Jahre eines der Haare entfernt wird. Wird diese unendlich grosse Zahl von Jahren mit 360 und diese Zahl nochmals mit 360 multipliziert, entspricht das Ergebnis einer «mittleren kosmischen Zeiteinheit». Multipliziert man diese Zahl mit sich selbst, gelangt man zu einer «grossen Zeitspanne».

Es mutet geradezu modern an, dass bereits in altbuddhistischen Texten die Rede von einer Art Atomen *(paramanus)* ist. Sie sind der kleinste Teil der Materie, nicht teilbar, nicht zerstörbar, nicht fassbar. Diese kleinsten Teilchen können nicht analysiert, gesehen, gehört oder berührt werden und existieren nur in einem molekülartigen Verbund *(anu)*. Materie entsteht, wenn sich mehrere Moleküle verbinden. Die materielle Welt besteht aus den fünf Grundelementen (Erde, Wasser, Feuer, Wind und Raum), wobei offenbar nicht die physischen Entitäten, Wasser etc. gemeint sind, sondern wohl eher Grundsubstanzen (unserem Wasserstoff, Sauerstoff etc. vergleichbar), aus denen alle Materie schliesslich zusammengesetzt ist.

Der Kalachakra-Kosmos

Dass um etwa 1000 n. Chr. eine weitere Kosmologie entstand, nämlich die der Kalachakra-Tradition, bedeutet keinen Widerspruch, wie es der tibetische Geistliche Kalu Rinpoche ausdrückte: Jede Kosmologie sei vollkommen gültig für die Wesen, deren karmische Projektionen sie dazu veranlassten, das Universum in dieser Weise zu erfahren. Es gebe eine gewisse Relativität in der Art, wie man die Welt erfahre. Alle Erfahrungen jedes Wesens seien auf karmischer Neigung und dem Grad individueller Entwicklung gegründet. Deshalb sei auf einer letzten Ebene keine Kosmologie wahr.

Wie das Abhidharmakosa geht auch das Kalachakra-Tantra davon aus, dass Weltsysteme in unendlich langen Zeitperioden entstehen. Anders als im Abhidharmakosa verschwinden jedoch nach dieser Tradition am Ende einer

Zeitperiode nicht alle Atome der fünf Elemente; sie fallen lediglich auseinander und werden durch Raumatome voneinander getrennt. Aufgrund des Vorrats an kollektivem Karma aus früheren Weltzeiten gehen die Atome wieder neue Verbindungen ein. Die Luftatome rücken zusammen, daraus resultieren starke Winde, die ihrerseits bewirken, dass sich die Feueratome vereinen und Blitze entstehen. Danach folgt die Bildung von Wasseratomen, die zu Regen führen. Die nun erscheinenden Regenbogen sind Manifestationen der ersten Erdatome, die sich mehr und mehr verdichten und schliesslich feste Erde ergeben. Die Raumatome füllen den Raum zwischen den anderen Atomen und schweben unter- und oberhalb jedes Weltsystems.

Gemeinsam ist beiden Kosmosvorstellungen der konzentrische, mandalaartige Aufbau um den Berg Meru. Das Fundament des Kalachakra-Weltsystems ist jedoch anders geformt. Während es im Abhidharmakosa als riesiger Zylinder gedeutet wird, besteht die Basis im Kalachakra-Kosmos aus runden Scheiben, von denen die unterste (das Element Luft) den grössten Durchmesser (ca. sechs Millionen Kilometer), die oberste (das Element Erde) den kleinsten (ca. 1,5 Millionen Kilometer) aufweist →4, 6. Der Berg Meru ist gemäss dieser Tradition rund und verjüngt sich zur Basis hin. Unmittelbar umgeben ist der Meru von sechs konzentrischen Bergwällen.

Die buddhistischen Visualisierungen des Kosmos geben zwar die in den Texten beschriebenen wesentlichen Elemente wieder, sind häufig aber nur schwer zu deuten. Zum einen mangelt es an Massstabstreue, zum anderen folgt die buddhistische Kunst bei der Darstellung von Raum spezifischen Traditionen und kennt beispielsweise keine Zentralperspektive. Stattdessen werden in ein und demselben Werk einige Teilelemente von oben (Aufsicht) und andere von der Seite (Ansicht) abgebildet →2, 4, 6. Die räumliche Rekonstruktion mithilfe einer Computersimulation →1, die auf schriftlichen Quellen basiert, zeigt die korrekten Masse und Bezüge des Kalachakra-Kosmos.

An diesem Weltmodell fallen die um den Meru Berg angeordneten zwölf Windbahnen oder Windkreise auf; sie zeigen den Lauf der Sonne um den Berg Meru im Verlauf eines Jahres. Bemerkenswert am Kalachakra-Weltbild ist ferner, dass das Universum oberhalb des Meru die Form eines für uns Menschen unsichtbaren Kopfes annimmt. Diese unsichtbare Ausformung zu einem Haupt deutet an, dass zwischen dem Kalachakra-Universum und dem Menschen eine besondere Beziehung besteht. Bereits hier zeigt sich also eine Grundaussage der Kalachakra-Tradition: die unendliche Wiederholung von Ordnungsstrukturen von der Weite des Makrokosmos bis in die Winzigkeit des Mikrokosmos hinein.

Betrachten wir das massstabgetreue Weltmodell gemäss dem Kalachakra-Tantra von der Seite und verlängern die glockenförmige Haube, welche durch die ineinanderverflochtenen astronomischen Windbahnen gebildet wurde, nach unten, ergibt sich ein Körper, der einem Stupa ähnelt → 9. Das Gewölbe des Stupa entspricht der durch die Windbahnen gebildeten Himmelskuppel oberhalb eines jeden Weltsystems; der würfelförmige Bereich über der Stupa-Kuppel ist der oberste Teil des Berges Meru, und die darüber gestaffelten Ebenen deuten die Himmelsbereiche an.

Strukturelle Übereinstimmungen existieren aber auch zwischen Kosmos und Mensch, was in der Kalachakra-Tradition und besonders an dieser äusserst seltenen Darstellung augenfällig wird → 5 : Äusseres und inneres «Zeitrad» – Kosmos und Mensch – stimmen in vielem überein. Der oberste Bereich des Universums kommt dem menschlichen Haupt gleich; die grösste horizontale Ausbreitung eines Kosmossystems entspricht der maximalen Weltenhöhe – so wie beim Menschen mit ausgebreiteten Armen der Abstand zwischen den Fingerspitzen seiner Körpergrösse entspricht; die vier übereinanderliegenden Scheiben der Elemente machen die halbe Höhe des Universums aus – entsprechend der Spanne zwischen Füssen und Hüftknochen; der Berg Meru fällt mit dem Rückgrat zusammen; und die Windbahnen, auf denen die Sonne um den Berg kreist (in Darstellung → 4 nicht zu sehen, aber in → 1, 11), korrespondieren mit den wichtigsten Winden im menschlichen Oberkörper, die gemäss tantrischem Buddhismus in eigenen «Windkanälen» durch den Körper fliessen.

Das Universum und der menschliche Körper finden nicht nur äusserlich eine Entsprechung, sondern weisen zusätzlich viel feinere Korrelationen auf → 7: der linke, weisse Windkanal entlang des Rückgrats steht zum Mond in Beziehung, der rechte, rote zur Sonne. Der mittlere Kanal ist Rahu beziehungsweise Kalagni (Ketu) zugeordnet, den Schnittpunkten der Mond- und der Sonnenbahn, die im alten Indien als Planeten betrachtet wurden. Alle drei Kanäle stehen auch mit den Elementen in Beziehung, und den zwölf Monaten eines Jahres entsprechen im Leben eines Menschen die sogenannten zwölf Atemzyklen. Die zwölf Gelenke von Schultern, Ellbogen, Händen, Hüften, Knien und Füssen (durch Kreise markiert) stehen mit den Tierkreiszeichen in Beziehung.

Wie starke Winde die Entstehung des Universums veranlassen, so ist es auch bei der Geburt eines Menschen der Wind, der dem Bewusstsein einer verstorbenen Person als Träger zu neuem Leben dient. Beim Tod löst sich wie bei der Auflösung eines Weltsystems Erde in Wasser auf, Wasser in Feuer, Feuer in Luft, diese in Raum und Raum schliesslich in Weisheit. Es bleiben die Impulse oder Regungen – das Karma –, aus denen Winde einen neuen Menschen entstehen lassen. Dies geschieht immer wieder in einem ständigen Kreislauf von Entstehen und Vergehen – im Kleinen wie im Grossen.

Die Grundstruktur des Universums wird in einem häufig durchgeführten Opfer in Form eines Getreidekörner-Mandalas nachgebildet. Als Basis dient eine Silberscheibe, welche den goldenen Erdzylinder des Abhidharmakosa-Kosmos symbolisiert und auf der mithilfe von vier Silberringen und Reiskörnern der Kosmos aufgebaut wird, gekrönt von einem Rad der Lehre → 8. In seltenen Fällen ist dieses «Universum-Opfer» gänzlich aus Edelmetall gefertigt → 10.

Die Darreichung solcher «Mini-Universen» gilt als eine der besten Methode, Verdienste anzusammeln. Auf einer höheren Ebene bedeutet dieses Opfer aber noch mehr: Aufgrund der Analogien zwischen Mensch und Universum bringt der Opfernde mit dem Getreidekörner-Mandala nicht nur das Universum dar, sondern seine ganze Persönlichkeit.

→ 1   3-D-Modell des Kalachakra-Kosmos

1

2

→ 2   Der Abhidharmakosa-Kosmos, umgeben von Opfer-
gaben an zornvolle Gottheiten | Osttibet, 18. Jh.

→ 3   Der Abhidharmakosa-Kosmos mit glückbringenden
Symbolen (im Vordergrund) | Tibet, 19. Jh.

→ 4   Der Kalachakra-Kosmos | Tibet, 19. Jh.

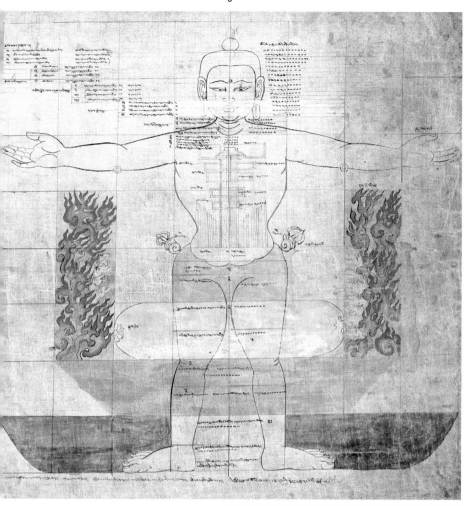

5

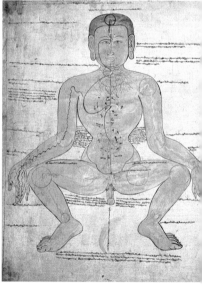

7

6

9

8

39

10

→ 11   Kosmologische Bildrolle (Ausschnitt): die zwölf
Windbahnen, auf denen die Sonne um den Berg Meru
kreist (von oben betrachtet) | Tibet, 16. Jh.

Johannes Beltz

Ausdehnen, entfalten und auflösen: Kosmogonien im Hinduismus

Die in Katalog und Ausstellung präsentierte Auswahl an Kosmologien und Kosmogonien zeigt, dass sich der Terminus «Kosmos» zwar auf viele Vorstellungen applizieren lässt, die damit verbundenen Grundannahmen, etwa von Raum und Zeit, sich hingegen deutlich unterscheiden.

Eine erste Einschränkung oder Herausforderung ist deshalb, sich der jeweiligen anderen Begrifflichkeiten bewusst zu werden. Der Indologe Axel Michaels macht den Unterschied zwischen religiösem Raumbewusstsein und modernem naturwissenschaftlichen Raumbegriff deutlich: Im Hinduismus sind Räume (Sanskrit *loka*) physikalisch nicht messbar, sondern Sphären der Existenz, immer spezifisch und unbeständig. Alle materiellen und nichtmateriellen Manifestationen wie Feuer, Wasser, Tiere, Menschen, Gestirne, Götter, Sprache oder Gedanken haben ihre eigenen Existenzsphären. Es gibt also keine gemeinsame Welt,

1

sondern verschiedene Welten, die nebeneinander existieren. Räume sind Potenz oder Kraftfelder und nicht auf sichtbare Raumdeterminanten begrenzt.[1]

Die zweite Einschränkung besteht im Anspruch, *die* Kosmosvorstellung *des* Hinduismus zu beschreiben, denn der Hinduismus entzieht sich allen Versuchen einer zielgerichteten Darstellung.[2] Er bietet eine ganze Reihe von sehr verschiedenen, häufig auch gegensätzlichen Vorstellungen zum Thema Kosmos.

Daraus leitet sich die dritte Einschränkung bezüglich der Auswahl an sichtbaren Kunstwerken und hörbaren Quellentexten

ab. Die Ausstellung thematisiert Kosmosvorstellungen im sogenannten Sanskrit-Hinduismus. Damit sind die normativen Texte, Riten, Mythen und Institutionen gemeint, die sich auf die Brahmanen und ihre Sanskrit-Literatur stützen.[3] Nicht präsent sind die Kosmosvorstellungen der hinduistischen Volks- bzw. indischen Stammesreligionen.[4]

Im brahmanischen Sanskrit-Hinduismus unterschied man ursprünglich drei Existenzsphären: Erde, Luftraum und jenseitige Welt, die von Göttern, aber auch Gestirnen bewohnt wird. Da man den einzelnen Göttern, Menschengruppen und Dämonen je spezifische Sphären zuordnete, wurde das System weiter ausdifferenziert: Das Universum wurde in sieben Kontinente gegliedert, die jeweils von sieben Ozeanen umgeben sind. Jeder Kontinent besteht aus sieben Welten, den Existenzsphären der Menschen, Tiere, Pflanzen, Dämonen und Geister, Planeten →1, 5, 3 und Sterne, Heiligen und Götter. Hinzu kommen die Himmelsrichtungen, die ebenfalls als Mächte und nicht als Koordinaten eines geozentrischen Raumbegriffs zu verstehen sind.[5]

Wie entstanden diese Existenzsphären? Die Veden, die ältesten überlieferten Texte des brahmanischen Hinduismus, lassen die Konturen eines Weltschöpfers oder Weltbaumeisters erkennen. Es ist vom Bauen die Rede, vom Schaffen, Ordnen und Vermessen, aber auch vom Zeugen und Gebären. Andere Texte berichten, dass sich die Welten aus sich heraus entfalteten, keimten und sich ausbreiteten.[6] Allen diesen frühen Texten gemeinsam ist eine dichte und bildhafte Sprache, sie sind spekulativ und zugleich vorsichtig formuliert. Es sind hymnische Texte, keine systematischen Abhandlungen.

Einer der bekanntesten Hymnen aus dem *Rigveda* geht auf Prajapati, den Schöpfer des Universums zurück. Er beschreibt einen Urzustand, der geteilt und dann geordnet wurde. Am Anfang gab es nur Finsternis, ohne Nichtsein, Sein, Luftreich, Himmel, Tod, Unsterblichkeit, Nacht und Tag. Alles war eine unterschiedslose Wasserflut. Dann entstand aus Hitze «das Eine». Verlangen überkam es, und der erste Samen des Geistes entstand. Die Götter entstanden erst später. Am Ende lässt der Text offen, wer wirklich etwas über den Anfang sagen kann: «Wer weiss da, woraus sie ent-

→ 1   Relief mit den neun Gestirnen: Sonne, Mond, Mars, Merkur, Jupiter, Venus und Saturn; am Rand die Eklipsen Rahu und Ketu | Indien, vermutlich 19. Jh.

standen sind? Woraus diese Schöpfung entstanden ist, ob er sie geschaffen hat oder ob nicht – der ihr Aufseher ist im höchsten Himmel: der nur weiss es! Oder ob er es auch nicht weiss?»[7]

Ein weiterer Hymnus aus dem *Rigveda* erklärt, dass die gesamte Schöpfung auf einen Urmenschen *(purusha)* zurückgeht. Anders gesagt, trägt jedes Lebewesen, aber auch alle unbelebte Materie einen Teil dieses Urmenschen in sich. Er war tausendköpfig, tausendäugig, tausendfüssig, bedeckte die Erde vollständig und erhob sich noch zehn Finger hoch darüber. Ein Viertel von ihm waren alle Geschöpfe, drei Viertel von ihm war das Unsterbliche im Himmel. Aus ihm entstanden die im Wald und im Dorf lebenden Tiere – Pferde, Rinder, Ziegen, Schafe – aber auch unbelebte Dinge wie Verse, Melodien und Metren. Aus seinen Körperteilen entstanden die vier sozialen Stände. Dann kam der Mond aus seinem Geist zur Entstehung und die Sonne aus seinem Auge. Aus seinem Mund kamen die Götter Indra und Agni, aus seinem Atem kam der Wind. Aus dem Nabel ward der Luftraum, aus dem Haupt ging der Himmel hervor, aus den Füssen die Erde, aus dem Ohr die Weltengegenden.[8] Dieser Text macht erstens deutlich, dass die Schöpfung sich aus dem Urmenschen entfaltet und er kein aktiver Schöpfer ist; zweitens ist dieser Text ein ritueller Text, der ein Uropfer beschreibt: Der Urmensch wird von den Göttern geopfert. Allerdings, so präzisiert die Übersetzerin Wendy Doniger O'Flaherty, sei darunter kein wirkliches Blutopfer zu verstehen, sondern eher eine Neuordnung und Zerstückelung.[9] Denn der Urmensch beinhaltet ja schon alles, das heisst alle Elemente des Universums, in sich → 8.

Der brahmanische Hinduismus kennt auch die Idee eines Demiurgen wie Prajapati oder Brahma → 6.[10] Doch ordnen viele Schriften diesen Göttern nur eine begrenzte Lebenszeit zu und betonen, dass auch sie selbst geschaffen wurden. Die Welt sei eben aus dem Einen, dem Brahman, einem Ei, aus Hitze oder Zeit hervorgegangen.[11]

Im Laufe der Jahrhunderte wurden immer wieder neue Mythen entwickelt, die auf ältere Geschichten und Motive zurückgreifen.[12] Dabei erhielten die Götter einen zunehmend grösseren Anteil an der Schöpfung → 7, 4. Neu hinzu kam

die Idee von vier sich wiederholenden Weltzeitaltern: Die Welt unterliegt einem immer wiederkehrenden Zyklus des Entfaltens, der Schöpfung und der Auflösung. Von einem glücklichen Urzustand ausgehend, in dem alle Menschen zufrieden lebten, verfällt die kosmische Ordnung *(dharma)* bis hin zum letzten Weltzeitalter *(kaliyuga)*, das von Verderb, Dreistigkeit und Hass geprägt ist. Jeder Zyklus endet damit, dass Vishnu die Welt verbrennt und überflutet.[13] Danach ruht er sich aus, und aus seinem Nabel wächst eine Lotusblume, aus dessen Blüte Brahma erscheint und die Welt erneut erschafft → 2.

Die Kosmosvorstellungen in den Hindu-Religionen zeichnen sich also durch drei wesentliche Merkmale aus: Erstens existiert nicht nur ein Universum, sondern eine Vielfalt von ganz verschiedenen Existenzsphären. Zweitens sind die Ursprungsgeschichten von einem zyklischen Zeitbewusstsein geprägt, im Gegensatz beispielsweise zu den linear verlaufenden christlichen Kosmologien. Drittens beruhen Kosmogonien und Kosmologien auf der systematischen Identifikation und Substitution von Raum und Zeit, Mensch und Gott, Mensch und Universum und münden in einen Einheitsgedanken: Es gilt zu erkennen, dass Teil und Ganzes identisch sind.[14]

→ 2 Vishnu ruht auf der Sesha-Schlange. Die Schlange stellt den undifferenzierten Zustand der Schöpfung dar. Der Lotus steht für das Zentrum des Universums, den Nabel der Erde und ist ein Symbol des Lebens. | Indien, 1700–1725

4

6

5

→ 3 Rahu, der aufsteigende Knoten, ist hier als Dämon abgebildet, der den Mond in seinen Händen hält. | Indien, um 1700

→ 4 Vishnu mit einem Muschelhorn. Das Muschelhorn gehört noch heute zur rituellen Praxis, denn sein Laut weckt die Götter, vertreibt Dämonen und bringt Glück und Fruchtbarkeit. | Indien, 11. Jh.

→ 5 Der Sonnengott Surya. Er ist der Grund für den Jahreslauf, bewacht die Welt und ist Beschützer des Lebens. | Indien, 12. Jh.

→ 6 Gott Brahma. Er trägt in seinen Händen einen Opferlöffel, einen Rosenkranz zum Rezitieren von Hymnen sowie ein Palmblattmanuskript und ein Wassergefäss. | Indien, 14. Jh.

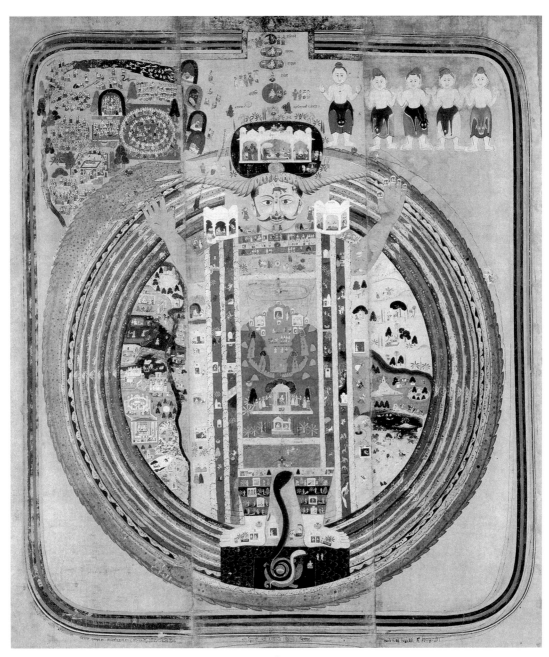

8

→ 7   In der *Bhagavadgita* offenbart sich Krishna (Vishnu) seinem
Wagenlenker Arjuna in seiner kosmischen Form. Das ganze
Universum ist in ihm enthalten. | Indien, 1875–1900

→ 8   Purusha-Mandala. Der kosmische Urmensch umfasst
als schöpferische Kraft alle Daseinsbereiche und gilt somit als
Abbild des Kosmos. | Indien, 1730–1740

Jorrit Britschgi

Die drei Welten und das Nicht-Universum: kosmologische Vorstellungen im Jainismus

Der Jainismus, eine etwa zeitgleich mit dem Buddhismus im 6./5. Jahrhundert v. Chr. in Indien entstandene Lehre, hat äusserst detailreiche Schriften zum Thema Kosmos hinterlassen, die, von kleineren Abweichungen abgesehen, für beide Ordensgemeinschaften, die Digambara und die Shvetambara, Gültigkeit haben. Während der jainistische Kosmos mit anderen Vorstellungen das Modell der drei Welten (Himmel, Erde und Hölle) teilt, so geht er in zwei Belangen allerdings eigene Wege: Es gibt keine Schöpfergestalt beziehungsweise Kosmogonie, und es existiert ein Nicht-Universum, über dessen Beschaffenheit wir nichts wissen.

Für die Jains besteht das Ziel des irdischen Strebens im Ausbrechen aus dem Zyklus der Wiedergeburten und damit in der Auslöschung. Beseelte Wesen wie Pflanzen, Tiere, Menschen und die Bewohner des Himmels und der Hölle lassen sich von Materie, zu der beispielsweise Atome gehören, unterscheiden. Das Vorhandensein eines Sensoriums ist dabei entscheidend, ob und wie ein Wesen im jainistischen Kosmos mobil oder immobil ist (wie beispielsweise Pflanzen). Durch karmisch wirksame Gesetze gibt der Jainismus moralisch-religiöse Handlungsanleitungen, die dem Gläubigen den Weg zur Befreiung weisen. Das umfassende Textkorpus des Jainismus bietet aber mehr als nur das, zumal detaillierte Beschreibungen der Beschaffenheit des Universums erlauben, den eigenen Standort im kosmischen Gefüge zu erfahren und die Auswirkung des eigenen Handelns zu verstehen.[1] Man könnte die jainistische Kosmologie also sogar als «kosmologische Ethik» bezeichnen, in die nicht nur der Mensch, sondern alle Daseinsformen wie Pflanzen, Tiere und Mikroorganismen eingebettet sind.

Die drei Welten und das Nicht-Universum

Das Universum besteht nach jainistischer Auffassung aus drei ungeschaffenen und ewig bestehenden Welten. Ausserhalb dieses endlichen, aber unvorstellbar grossen Drei-Raums (Sanskrit *triloka*) befinden sich drei Windsphären, welche die Grenze zum grenzenlosen Nicht-Universum beziehungsweise Nicht-Raum *(aloka)* markieren. Dieser Nicht-Raum steht ausserhalb des religiösen Systems, weil er für den Zyklus der Wiedergeburten nicht relevant und seinen Gesetzmässigkeiten nicht unterworfen ist. Die relevanten kosmologischen Texte der Jains lesen sich stellenweise wie mathematische Kompendien. Mit der Masseinheit *rajju* operierend, was der Strecke entspricht, die ein Gott innerhalb von sechs Monaten zurücklegen kann, wurde alles exzessiv vermessen – von der Breite und Tiefe der Himmelsetagen bis hin zu den Abständen zwischen den Höllen.[2]

Das Jain-Universum wird häufig mithilfe geometrischer Grundformen visualisiert. Die Untere Welt bildet ein symmetrisches Trapez, an dessen schmaler Grundseite die Mittlere Welt angesiedelt ist. Darauf steht ein Sechseck, das die Obere Welt darstellt. Die gesamte Form erinnert dabei an den Bau des menschlichen Körpers: Die Untere Welt entspricht Füssen, Beinen und Bauchbereich, die Mittlere Welt entspricht der schmalen Taille und die Obere Welt dem oberen Torso mit Hals und Kopf → 1. Während schon aus dem 13. Jahrhundert Hinweise auf bildliche Darstellungen des Jain-Kosmos überliefert sind, so stammen die ersten Visualisierungen des Kosmos, die sich am menschlichen Körper orientieren, aus späterer Zeit.[3] Dass der Mensch als Bezugspunkt für kosmologische oder religiöse Vorgänge herangezogen wird, ist keine singuläre Erscheinung innerhalb des Jainismus. In den Hymnen der altindischen Schrift *Rigveda* etwa ist von Purusha die Rede, dem Urmenschen, aus und durch dessen Körper sich die Schöpfung entfaltet.

Im Jainismus vereint der «kosmische Mensch» (*lokapurusha,* → 1) Untere, Mittlere und Obere Welt in sich.[4] Alle möglichen Orte für die Wiedergeburt eines Wesens – in der Vergangenheit, Gegenwart oder Zukunft – sind somit in seinem Körper ablesbar.[5] Der kosmische Mensch ist also nicht nur eine Visualisierung der komplexen Kosmosvorstellung der Jains, sondern auch als eine Art kosmische Landkarte lesbar. Die Obere Welt ist Sitz der zehn oder zwölf Himmelsetagen und unterschiedlicher Götterklassen. Sie wird an der Grenze zum Nicht-Raum vom Sitz der Siddhas gekrönt. Jene sind aus dem Wiedergeburtszyklus ausgetreten und haben also das angestrebte Ziel im Jainismus erreicht. Eine

Sichel deutet ihren Standort im Universum an. Die Mittlere Welt ist mit einer konstanten Breite von einem *rajju* verhältnismässig klein, stellt aber den einzigen von Menschen bewohnten Ort dar. Der Berg Meru → 2 bildet darin die Weltachse, an die alternierend Ozean- und Kontinentalringe anschliessen. Der Rosenapfelbaum-Kontinent *(jambudvipa)* direkt am Schaft des Weltenbergs bildet zusammen mit dem nächsten Kontinentalring und der Hälfte des übernächsten die sogenannten Zweieinhalb Kontinente *(adhaidvipa,* → 4, und die in → 1 in Aufsicht gezeigte Scheibe). Der Rosenapfelbaum-Kontinent selbst besteht aus sieben Ländern, die durch sechs parallel verlaufende Bergzüge unterteilt sind (innerste Scheibe in → 4). Er nimmt im Jain-Kosmos einen besonderen Stellenwert ein, weil er zugleich der Wirkungsort der sukzessiv in Erscheinung tretenden 24 Lehrmeister *(tirthankara)* ist. Im Rosenapfelbaum-Kontinent sind die Bedingungen für eine Befreiung ideal, selbst wenn sie nur in zweieinhalb Ländern des Kontinents und nur zu bestimmten günstigen Zeitzyklen erfolgen kann. Das kosmische Konstrukt wird von der Unteren Welt abgeschlossen, die mit sieben *rajju* am breitesten beschaffen ist. Sie enthält auch bei Weitem die meisten Daseinsformen: Sieben Höllen, mal kalt, mal heiss, wechseln sich ab und nehmen an Finsterkeit gegen unten zu. Grausamste Torturen und Qualen, wie in → 3 ersichtlich, erwarten dort die Gefangenen.

Die als «kosmische Landkarten» konzipierten Darstellungen des jainistischen Universums sind kunstvolle und für den Gläubigen leicht lesbare Visualisierungen der in den Schriften enthaltenen Beschreibungen des Kosmos. Da Erlösung nur im Zentrum der Mittleren Welt überhaupt möglich ist, sind Darstellungen von ihr besonders häufig. Das himmlische Leben hingegen – angenehm wie es ist – schwächt den Drang zur Befreiung aus dem Kreislauf der Wiedergeburten und wurde deshalb äusserst selten gezeigt. Auch Höllendarstellungen sind in der bildlichen Tradition eher selten, denn den Höllenbewohnern geht das Bewusstsein für die Befreiung aus dem Wiedergeburtenzyklus ebenfalls ab.

Genauso wenig also, wie die moderne Astrophysik sichere Antworten zum nicht beobachtbaren Universum geben kann, tut es der Jainismus. Er beschränkt sich auf eine Beschreibung des Raums, der für seine Gesetzmässigkeiten von Bedeutung ist. Die auf indische Religionen spezialisierte Professorin Phyllis Granoff beschreibt das Jain-Universum als ein Universum mit «perfekter Ordnung», in dem sich Grundstrukturen mit beruhigender Regelmässigkeit wiederholen.[6] In seiner religiösen Praxis sieht sich der Gläubige also in einen dynamischen Kosmos eingebettet, der ihm mit seinen Strukturen und Gesetzmässigkeiten ermöglicht, seinen Weg zur Befreiung stufenweise zu durchschreiten.

→ 1   Kosmischer Mensch *(lokapurusha)* |
Indien, datiert 1884

1

2

3

4

→ **2**   Der Weltenberg Meru | Indien, frühes 17. Jh.

→ **3**   Zwei Folios aus einem Manuskript mit Höllendarstellungen | Indien, 19. Jh.

→ **4**   Darstellung der Zweieinhalb Kontinente *(adhaidvipa)* | Indien, 17. Jh.

Johannes Thomann

Messen, rechnen, darstellen: Kosmologie in der islamischen Welt

Es mag paradox erscheinen, dass in der islamischen Welt eine Begegnung mit der griechischen Kosmos-Wissenschaft erst erfolgte, nachdem ihr Zentrum in der Mitte des 8. Jahrhunderts von Damaskus ins östlichere Bagdad verlegt worden war. Aber die hoch entwickelte mathematisch-astronomische Kultur der Griechen war längst erloschen, wohingegen das griechische Erbe in Indien weiterlebte. So waren es indische Gelehrte, die den ersten Anstoss zum Studium der Kosmologie in der islamischen Welt gaben und mit deren Hilfe Werke von Brahmagupta (598–nach 668 n. Chr.) und anderen Astronomen aus dem Sanskrit ins Arabische übersetzt wurden.[1] Die darin beschriebenen Bewegungsmodelle führten zu einem Bild der Welt, in deren Mitte sich eine kugelförmige Erde befindet, die von einem System rotierender Sphären umgeben ist.

Dieses Wissen lieferte den nachfolgenden Gelehrtengenerationen Bagdads das Rüstzeug, sich die bedeutenden wissenschaftlichen Werke der Griechen zugänglich zu machen. Dazu gehörte insbesondere das Hauptwerk der griechischen Astronomie, der *Almagest* von Claudius Ptolemäus (um 100–170 n. Chr., →1). Schrittweise wurden die einfacheren Modelle der indischen Astronomen durch die komplexeren des Ptolemäus ersetzt. Die arabischen Astronomen nahmen neue Beobachtungen vor, korrigierten Messwerte, erstellten Tafelwerke mit den Positionen der Gestirne und bauten Observatorien. So gründete Nasir ad-Din at-Tusi (1201–1274) ein Observatorium nahe der ilchanidischen Residenzstadt Maghara im Nordwestiran, leitete die Sternbeobachtungen und verfasste die nach dem Mongolenherrscher Hülägü benannten Tafeln *Zij-i Ilkhani* →2.[2]

Auch die Gestalt der Erde wurde früh Gegenstand von Messungen, Berechnungen und Darstellungen. In einem wissenschaftlichen Grossprojekt unter Kalif al-Ma'mun (reg. 813–833) wurde die Länge eines geografischen Breitengrads vermessen und so der Erdradius mit einer Genauigkeit von etwa ein Prozent bestimmt.[3] Weiter wurden gut 3000 geografische Positionen von Spanien bis China ermittelt und auf einer grossformatigen Weltkarte eingetragen.[4]

Neben dieser technischen Seite der Kosmografie geriet auch die Naturphilosophie des Aristoteles ins Blickfeld der Bagdader Gelehrten. Dank der Übersetzung seiner Werke über Physik, den Himmel, die Meteorologie und die Metaphysik wurde der Kosmobegriff in seiner vollen Ausprägung rezipiert. Der Philosoph al-Kindi (gestorben zwischen 861 und 866) legte in einer Vielzahl von Schriften eine umfassende Synthese der griechischen Wissenschaften vor.[5] Sein optimistisches Vertrauen in eine mögliche Harmonisierung von mathematischer Naturwissenschaft, aristotelischer Philosophie und islamischer Offenbarungsreligion sollte sich aber in der Folgezeit als illusorisch erweisen.

Die Stellung der mathematischen Astronomie war nicht unangefochten. Einige Theologen begegneten ihr mit Misstrauen, teilweise sogar mit harter Ablehnung. Es gab auch Versuche, eine auf koranischen Ideen fussende Kosmologie zu entwerfen, doch blieben diese ohne nennenswerte Wirkung.[6]

Für viele Philosophen hatte die Astronomie den Charakter einer Hilfswissenschaft, die sich physikalischen und metaphysischen Prinzipien im Konfliktfall zu beugen hatte. Manche Astronomen hielten sich hingegen an die Maxime des Ptolemäus, dass in der Physik und Theologie nie sichere Erkenntnisse zu gewinnen seien und allein die Mathematik unumstössliches Wissen garantiere. Auch innerhalb der Astronomie selbst entstanden Konflikte, und es erhob sich Kritik an dem ptolemäischen Weltbild. Ibn al-Haytam (um 965–1041) schrieb ein ganzes Buch über die Mängel im *Almagest*.[7] In der Folgezeit wurden neue Modelle für die unregelmässigen Bewegungen der Planeten und die Reihenfolge der Planeten zur Diskussion gestellt. So erkannte Nasir ad-Din at-Tusi, dass durch Überlagerung von zwei Kreisbewegungen eine lineare Vor- und Rückbewegung generiert werden kann. Damit ersetzte er nicht nur verschiedene als problematisch erkannte Bewegungsmodelle des Ptolemäus, er führte auch die in der aristotelischen Naturphilosophie postulierte Unvereinbarkeit von Kreisbewegung und geradliniger Bewegung, die jeweils den Himmelskörpern und den Köpern unterhalb des Mondes zugeordnet wurden, ad absurdum.[8] Schliesslich bestritt 'Ali al-Qushji (um 1402–1474) ganz allgemein, dass die aristotelische Physik für die Astronomie relevant sei, und vertrat sogar die Hypothese der Erdrotation.[9]

Die Gründe für den Erfolg des mathematisch-astronomischen Weltbildes in der islamischen Welt sind vielfältig: Neben praktischen Anwendungen, wie etwa in der Astrologie, war von Anfang an die in vielerlei Weise erfolgte Veranschaulichung der Himmelsphänomene durch physische Geräte von Bedeutung. An erster Stelle stand dabei das Astrolabium→3, das nicht nur ein projiziertes Bild des Himmels darstellte, sondern den Lehrern der Astronomie auch gestattete, ihren Schülern Bewegungsphänomene wie Auf- und Untergänge von Gestirnen in ihrem Verlauf vorzuführen. Die Schüler konnten dann die meisten Aufgaben der sphärischen Astronomie einüben und so verstehen lernen. Eine grosse Zahl von Astrolabien aus der islamischen Welt sind erhalten geblieben, allerdings nur wenige aus der Zeit vor dem 12. Jahrhundert.[10]

Noch augenfälliger als das Astrolabium war der Himmelsglobus, mit dem sich die genannten Bewegungen der Planeten in sphärischer Gestalt vorführen liessen. Im Gegensatz zum Astrolabium, das nur eine beschränkte Anzahl von Fixsternen aufwies, zeigten Himmelsgloben→4 mitunter den vollen Bestand des ptolemäischen Katalogs von 1022 Sternen.[11] Grundlegend für die Konstruktion von Himmelsgloben war das *Kitab Suwar al-kawakib at-tabita* («Buch der Bilder der Fixsterne»,→5) von ʿAbd ar-Rahman as-Sufi (903–986).[12] Je ein Kapitel seines Buches ist einem der 48 ptolemäischen Sternbilder gewidmet. Eine Illustration zeigt die Konstellation so wie sie am Himmel erscheint, eine andere präsentiert sie, wie sie auf dem Himmelsglobus – gewissermassen von ausserhalb – zu sehen ist. Danach folgt der Sternkatalog aus dem *Almagest*, den as-Sufi kritisch kommentierte und durch zahlreiche Himmelsobjekte ergänzte, die er zum ersten Mal beschrieb.

Die islamische Astronomie war weit über die Grenzen der muslimischen Welt hinaus wirksam. Astrolabien fanden ihren Weg nach Europa, Süd- und Ostasien. Texte arabischer Autoren wurden ins Lateinische, einige sogar ins Sanskrit und Chinesische übersetzt.[13] Die Illustrationen aus as-Sufis Werk prägten die Ikonografie des Himmels in Europa nachhaltig. Schliesslich wurden auch die Bewegungsmodelle von at-Tusi und seinen Schülern in Europa bekannt und von

Nikolaus Kopernikus (1473–1543) in seinem Werk *De revolutionibus* übernommen. Man hat Kopernikus deshalb auch den letzten Astronomen in der Tradition der Astronomie des Observatoriums von Maghara genannt.[14]

→ 1   Arabische Übersetzung des *Almagest* von Ptolemäus *(Al-Majisti)* | Spanien, datiert 1381

→ 2   Kommentar von ʿAli ibn Muʾammad al-Jurjani (1339–1413) zur *Sharh at-Tadhkira* von Nasir ad-Din at-Tusi | Iran, 17. Jh.

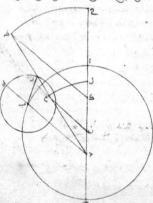

3

4

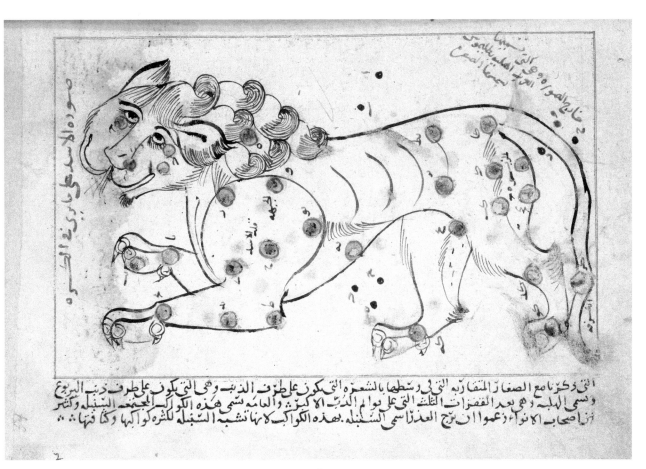

5

→ 3   Planisphärisches Astrolabium zur Demonstration
von Auf- und Untergängen von Gestirnen | Iran, 9./10. Jh.

→ 4   Himmelsglobus | Pakistan, Lahore,
Ende 16./Anfang 17. Jh.

→ 5   Aus dem *Buch der Bilder der Fixsterne* von
ʿAbd ar-Rahman as-Sufi | Irak, 1233

Thomas Krüger und Christoph Uehlinger

«Als oben der Himmel noch nicht existierte»: kosmologische Vorstellungen im alten Mesopotamien

Warum ist die Welt so, wie sie ist? Hat es sie immer schon gegeben oder ist sie irgendwann einmal entstanden? Weshalb ist sie, wie es scheint, nicht perfekt? Was ist die Rolle der Menschen in der Welt? Solche und ähnliche Fragen haben auch die Menschen im Zweistromland immer wieder beschäftigt. In ihren Antwortversuchen spiegeln sich ihre Erfahrungen und Lebensbedingungen, was im Folgenden anhand von altmesopotamischen Bildern und Texten nachgezeichnet werden soll.

Bildliche Überlieferungen

Die Bildüberlieferung reicht etwas weiter zurück als die der Texte. Abbildung → 6 zeigt eine mit Erdpech (Bitumen) figürlich dekorierte Platte aus Gipsalabaster, die im Tempel der Göttin Ninhursaga aus dem frühen 3. Jahrtausend v. Chr. in Mari am Mittleren Euphrat gefunden wurde. Das Bild fasziniert auch uns heutige Betrachter, weil es wie ein Vexierbild zwei unterschiedliche Lesarten erlaubt: Leicht erkennbar sind geometrisch stilisierte Capriden, Vögel und Zweige; das Dreieck in ihrer Mitte und die beiden durch konzentrische Linien gebildeten Kreise lassen sich entweder als weibliche Geschlechtsmerkmale (Vulva und Brüste) oder als Gesicht (Mund und Augen mit Brauen und Nase) deuten. Die eine Sichtweise hebt mit dem Gesicht den kommunikativen Aspekt der Göttin, die andere ihre lebensspendenden und nährenden Eigenschaften hervor. Beide Deutungen haben ihre Berechtigung und stimmen darin überein, dass sie das, was wir als natürlichen Lebensraum beschreiben würden, anthropomorph mit der Kraft einer Göttin assoziieren, ja das Leben überhaupt auf sie zurückführen.

Ganz ähnlich verfahren wenig jüngere Darstellungen auf Zylindersiegeln aus der Akkadzeit (2340–2200 v. Chr.): Die Vegetationsgöttin hält Ähren oder Zweige in der Hand, die gleichzeitig aus ihren Schultern spiessen → 3. Der Sonnengott wird durch Strahlen, der Gott des Süsswassers durch Flüsse mit Fischen gekennzeichnet. Den bedeutenderen, thronenden Gottheiten werden meist kleinere als loyale Diener zugeordnet. Auch hier wird erfahrene Wirklichkeit anthropomorph auf Göttinnen und Götter bezogen, die alle zusammen nun eine Art hierarchisch gegliederte Göttergesellschaft bilden; jede Gottheit besitzt ihren eigenen Zuständigkeitsbereich und kann dort ihren Willen durchsetzen.

Dass dies nicht ohne Konflikte und Rangstreitigkeiten vor sich geht, liegt auf der Hand: Das Modell der Göttergesellschaft erlaubte es allerdings, widersprüchliche Aspekte einer Wirklichkeit zu integrieren, die – etwa zu Dürrezeiten oder nach Unwettern und Überschwemmungen – nicht immer als positiv erfahren wurde. Zerstörerische und lebensförderliche Aspekte sind häufig nicht klar voneinander zu trennen; sie sich als Paar vorzustellen, lag auf der Hand. So wird dem Sturm- und Wettergott manchmal die sanftere Regengöttin als Gefährtin beigesellt → 5, manchmal eine andere Göttin, die die fruchtbare Erde repräsentiert.

Bis ins erste vorchristliche Jahrtausend dachte man sich in Mesopotamien den Kosmos vor allem in zwei Modellen: Das eine hebt die bei aller Unabwägbarkeit doch erstaunliche Stabilität der Verhältnisse hervor, insbesondere im Bild des von Tieren, menschlichen Verehrern oder Genien flankierten Heiligen Baumes → 2, 4; das andere Modell betont stärker die in der Wirklichkeit wahrgenommenen Spannungen und deutet Ordnung als Ergebnis von handfesten Kämpfen und heldenhaften Siegen. Traten im politischen Bereich neue Zentren an die Stelle der alten, gewannen auch Tempel und Gottheiten an Bedeutung und erweiterten ihren Machtanspruch. So gliederte sich die Götterwelt nach einiger Zeit in Generationen von Uralten, Alten und Jüngeren; und es waren jeweils jüngere, aufstrebende Götter, denen man die Oberherrschaft über das Pantheon, ja den Kosmos überhaupt zutraute. Über den «Grossen Göttern» regierte nun ein noch grösserer, «Höchster Gott» – erst Ninurta, dann Marduk oder Assur als «König» oder «Herr». Wir kennen das Muster aus der hebräischen Bibel, die den Höchsten zum Einzigen erklärte und gleichwohl fortfuhr, ihn als «König» oder «Herr» zu bezeichnen.

Mit zunehmend leistungsfähigerer Astronomie festigte sich im ersten Jahrtausend die Vorstellung, dass der Kosmos ganz grundsätzlich durch grosse Rhythmen und ein komplexes Zusammenspiel von Planeten, Sternen, ja Himmeln gekennzeichnet sei. Die alten

Bilder der Ordnung und des Kampfs wurden in der Folge um allerhand Astralsymbole angereichert → 1, 2, 4. Diese standen für Gottheiten und Konstellationen, denen man einen besonders günstigen Einfluss auf die Schöpfung und das eigene Wohlergehen zutraute. Die Miniaturbilder der Rollsiegel vermitteln wie Amulette zwischen der höchsten Ebene der kosmischen Ordnung und dem Leben einzelner Siegelbesitzer. Von da war es nur ein kleiner Schritt zu der Vorstellung, dass Gestirnskonstellationen einen Einfluss auf das Leben des einzelnen Menschen haben könnten, ja dass das Leben jedes Einzelnen gar dauerhaft durch eine Konstellation zur Zeit seiner Geburt bestimmt sein könnte. Erst die Verknüpfung der mesopotamischen Erkenntnisse mit ägyptischem und griechischem Wissen erklärt jedoch die Karriere von Zodiak und Horoskop in der mediterranen Welt.

Mythologische Dichtungen

Mesopotamische und biblische Erzählungen machen deutlich, dass die Welt, in der wir leben, keine vollkommene ist. Der sumerische Mythos *Enki und Ninmach* führt angeborene Missbildungen von Menschen auf einen Wettstreit zwischen dem Schöpfergott Enki und der Geburtshelfergöttin Ninmach zurück, in dem jeweils einer der beiden einen missgebildeten Menschen erschafft und der andere versuchen muss, für ihn eine sinnvolle Aufgabe in der Gesellschaft zu finden. Die Erzählung deutet nicht nur Beeinträchtigungen und Behinderungen bei Menschen als eine Laune der Götter, sie zeigt auch auf, wie sie als Herausforderungen betrachtet werden können, die Betroffenen sinnvoll in die Gesellschaft zu integrieren.

Der akkadische *Atrachasis*-Mythos berichtet, dass die Götter ursprünglich alle Arbeiten wie Ackerbau, Viehzucht und Bewässerung der Felder selbst verrichten mussten. Nur die höchsten Götter waren frei von Arbeit und konnten sich einem luxuriösen Leben hingeben. Als daraufhin die niedrigeren Götter rebellierten, fasste man den Beschluss, Wesen zu schaffen, die genügend Verstand besassen, dass sie den Göttern die Arbeit abnehmen konnten, die aber sterben mussten wie die Tiere: die Menschen.

Als die Menschen sich immer weiter vermehrten, störte ihr Lärm den Hauptgott Enlil. Es gelang ihm nicht, die Menschen durch verschiedene Katastrophen zu dezimieren, weshalb er beschloss, sie durch eine Flut gänzlich zu vernichten. Nur durch eine Indiskretion des Weisheitsgottes und Menschenfreundes Enki konnte Atrachasis ein grosses Schiff bauen und damit einige Menschen und Tiere retten. Darüber waren die Götter am Ende froh, hätten sie doch sonst wieder selbst für ihre Versorgung arbeiten müssen. Sie beschlossen also, nie wieder die gesamte Menschheit zu vernichten, sondern nur durch Unfruchtbarkeit und Krankheiten ihre allzu grosse Vermehrung zu verhindern.

Diese Erzählung forderte die Menschen dazu auf, ihre Aufgabe, den Göttern zu dienen, nicht zu vernachlässigen und die Widrigkeiten des Lebens zu akzeptieren, weil sie letztlich der Menschheit als Ganzes das Überleben sicherten.

Die Bibel musste sich – unter monotheistischen Voraussetzungen – dieses Szenario etwas anders vorstellen: Die Welt ist infolge der Bosheit der Menschen verdorben, doch ist der biblische Gott bereit, ein gewisses Mass an Bosheit zu tolerieren. Die Frage, weshalb die Götter eine Welt schufen, die bei Weitem nicht perfekt ist, wurde so an den Menschen zurückgegeben.

Während die Fluterzählung von der urzeitlichen Entwicklung der Welt bis zu ihrer Form berichtet, die man in der Antike erlebte, kommt der babylonische Mythos *Enuma elisch* («Als oben», so benannt nach seinen Anfangsworten) einer Weltentstehungserzählung näher. Diesem Mythos zufolge gingen alle Götter aus dem Ur-Paar Apsu (Süsswasser) und Tiamat (Salzwasser) hervor. Zwischen den beiden und ihren Nachfahren entstand ein Konflikt, dem zunächst Apsu zum Opfer fiel. Daraufhin griff Tiamat zusammen mit elf von ihr geschaffenen Ungeheuern die Götter an. Nur der zuvor eher unbedeutende Marduk, Stadtgott von Babylon, war willens und fähig, sie zu bekämpfen und zu besiegen. Er spaltete Tiamats Körper und bildete aus ihrer oberen Hälfte den Himmel. Die so entstandene Grundstruktur baute er sodann weiter aus, indem er etwa die Sternbilder ordnete und die Menschen erschuf. Schöpfung wird in dieser Erzählung wesentlich als Kampf gegen das

Chaos verstanden; zugleich begründet sie den Aufstieg Marduks zum Höchsten Gott. Der Schöpfer muss über kriegerische Macht verfügen, ähnlich wie ein menschlicher König.

Es gibt in Mesopotamien aber auch Schöpfungserzählungen, in denen die Entstehung der Welt friedlicher abläuft. Wie im alten Ägypten sind die Grundelemente der Weltentstehung die Fortpflanzung (Zeugung und Geburt), die Arbeit (etwa mit der Hacke, die den Acker fruchtbar macht, oder mit Lehm, aus dem etwas geformt werden kann), der Kampf und das Macht- oder Zauberwort. Manche Mythen gehen davon aus, dass die Welt nach einem Plan und zielgerichtet entstanden ist, in anderen ergibt sich das eine aus dem anderen, ohne dass darin bereits eine Absicht erkennbar wäre.

Die Vielzahl und Vielfalt kosmogonischer Mythen und teilweise divergierender Vorstellungen im Alten Orient ist bemerkenswert. Auch die Bibel beginnt bekanntlich mit zwei ganz verschiedenen Schöpfungserzählungen im Buch Genesis und bietet an anderen Stellen nochmals weitere Vorstellungen von der Weltentstehung. Wie es scheint, besassen die Menschen damals kein grosses Interesse an einer einheitlichen und verbindlichen Erklärung für die Entstehung der Welt. Vielleicht steckt dahinter das Wissen oder zumindest eine Ahnung davon, dass das Universum und sein Entstehen das menschliche Vorstellungsvermögen überschreiten und höchstens durch poetische Annäherungen erfasst werden können.

→ 1 Rollsiegel mit mythologischer Kampfszene (Ninurta gegen Bašmu), Umzeichnung | Assyrien, neuassyrische Zeit (900–700 v. Chr.)

→ 2 Rollsiegel mit einer Ritualszene am Heiligen Baum, darüber himmlische Gottheiten, Umzeichnung | Assyrien, spätassyrische Zeit (700–610 v. Chr.)

→ 3 Rollsiegel und Abrollung mit Darstellung einer Vegetationsgöttin | Elam (westlicher Iran), Akkad-Zeit (2340–2193 v. Chr.)

→ 4 Rollsiegel mit einer Ritualszene am Heiligen Baum | Assyrien, neuassyrische Zeit (Ende 9. Jh. v. Chr.)

→ 5 Rollsiegel mit Darstellung des Sturm- und Wettergottes mit der Regengöttin | Elam (westlicher Iran), Hochstufe Akkad-Zeit (2260–2193 v. Chr.)

→ 6 Stele aus dem Tempel der Göttin Ninhursaga | Syrien, frühes 3. Jt. v. Chr.

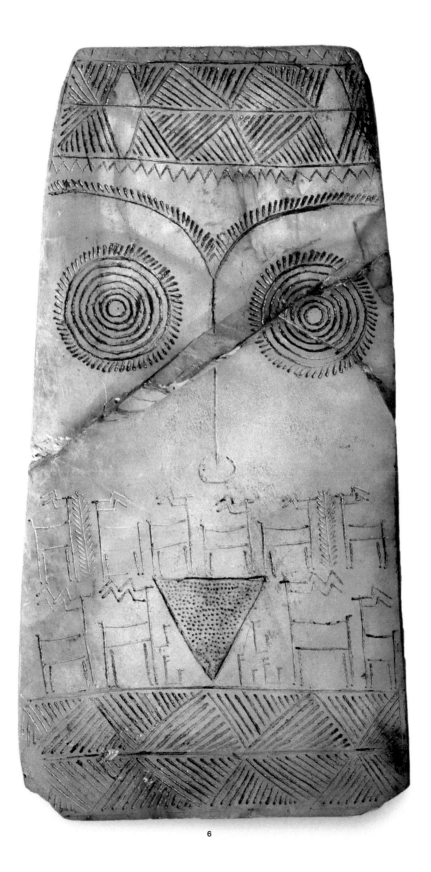

6

Mariana Jung

Sonnenlauf und Jenseitsführer: Kosmosvorstellungen im alten Ägypten

Im alten Ägypten gab es konkrete Vorstellungen vom Kosmos, die uns anhand verschiedener Quellen in Text und Bild übermittelt sind. Für die Ägypter setzte sich der Kosmos aus drei Weltbereichen zusammen: Himmel, Erde und Unterwelt. Die Unterwelt war das Reich des Totengottes Osiris und weiterer Jenseitsgötter. Die Erde war der Ort aller Lebewesen, welche die Schöpfung hervorgebracht hatte; hier waren Menschen, Tiere und Pflanzen zu finden. Der Himmel gehörte den kosmischen Gottheiten, die als Sonne, Mond und Gestirne in Erscheinung traten. Er wurde von vier Stützen getragen, den Eckpunkten der Welt und gleichzeitig den vier Himmelsrichtungen entsprechend: der Hauptachse des Nils von Süden nach Norden und der Laufbahn der Sonne von Osten nach Westen. Zu den Grundgedanken des altägyptischen Weltbilds zählte der tägliche Sonnenlauf, denn nur durch den Sonnengott Re wurde der gesamte Kosmos mit Leben gefüllt. Re war der wichtigste Gott, er wurde jeden Morgen neu geboren. Seinen Tag begann er jeweils im Osten in der Erscheinungsform des Skarabäus, des Käfers, der eine Dungkugel vor sich her rollt, und fuhr dann in seiner Barke über den Himmel. Mittags asso-ziierte man den Sonnengott mit einem Falken, und am Abend tauchte Re als gealterter Gott in Gestalt eines Widders in die Unterwelt ein. Dort setzte er seine Reise fort und erneuerte sich dabei, damit er am Morgen als junger Gott seine Fahrt von Neuem beginnen konnte.

Der Lauf der Sonne stand in direktem Bezug zu den Jenseitsvorstellungen der alten Ägypter. Die Voraussetzung für ein weiteres «Leben» im Jenseits war die Wiedergeburt nach dem Tod, sie war eines der höchsten Ziele der Ägypter, und man stellte sich die Wiedergeburt vor wie die aufgehende Sonne. Aus diesem Grund wünschte sich der verstorbene Ägypter, an der Fahrt des Gottes Re teilzunehmen, um wie dieser jeden Tag neu geboren zu werden und somit am kosmischen Lebenszyklus teilzunehmen.

Ein Weiterexistieren nach dem Tod im Jenseits war nur möglich, so glaubte man, wenn man sich im Diesseits optimal darauf vorbereitete. Unabdingbar dafür waren ein Grab, dessen Bau und Ausstattung man noch im Diesseits in Auftrag gab, und nach dem Tod die Umwandlung des Körpers in seine dauerhafte Mumiengestalt, was durch einen circa 70-tägigen Prozess der Mumifizierung ermöglicht wurde.

Ein wichtiges Hilfsmittel für die Reise ins Jenseits war das sogenannte Totenbuch, das zu den bekanntesten und am häufigsten genutzten Sammlungen von Sprüchen zählt und eine Art Leitfaden für die Jenseitswelt darstellt. Das Totenbuch wurde ab der Mitte der 18. Dynastie (um 1550–1292 v. Chr.) bis in die ptolemäisch-römische Zeit (um 306 v. Chr.– 313 n. Chr.) als eigenes Textkorpus etabliert und untergliedert sich in verschiedene Sprüche, welche die Versorgung und Sicherheit eines Verstorbenen auf dem Weg ins Jenseits garantieren sollen. Jeder Ägypter konnte sein eigenes Totenbuch aus einem Schatz von Sprüchen und Darstellungen (Vignetten) individuell gestalten. Totenbücher sind vorwiegend auf Papyrus geschrieben, aber auch auf Grabwänden und Särgen sind magische Sprüche zu finden.

Zentraler Gedanke des Totenbuchs ist das Totengericht, dem sich jeder Verstorbene zu stellen hat, bevor er ins Jenseits übergehen kann. Auf einem Teil des Papyrus der Ta-remetsch-en-Bastet, einer Frau aus der frühptolemäischen Zeit (320–306 v. Chr.), ist die Gerichtsszene zu sehen →4. Die Verstorbene tritt vor das Totengericht, dem der thronende Osiris als oberster Richter vorsteht. Ihr Herz wird mit der Maat als Gegengewicht auf einer Waage gewogen. Maat galt als die Göttin der Wahrheit und Gerechtigkeit, sie ist hier als kleine Götterfigur mit Feder auf dem Kopf dargestellt. Während das Herz gewogen wird, spricht Ta-remetsch-en-Bastet das sogenannte negative Sündenbekenntnis: Sie zählt alle Sünden und schlechten Taten auf, die sie nicht begangen hat. Ist ihr Herz leichter als die Feder, darf die Verstorbene ins Jenseits übergehen; sollte das Herz aber schwerer sein als die Feder, wird es von den Mischwesen vor Osiris gefressen, was den endgültigen Tod bedeutet. Damit das Herz leichter ist als die Feder und der Maat entspricht, wird es davor mit Sprüchen beschworen. Der gesamte Vorgang wird von den Göttern Horus und Anubis überwacht, während der Schreibergott Thot mit dem Kopf eines Ibisses das Ergebnis notiert und an Osiris weitergibt.

Der Übergang ins Jenseits geschieht am Tag des Begräbnisses, weshalb der Bestattungszug zum Grab häufig am Anfang des Totenbuchs steht. Die Vignetten zeigen den Transport des Sargschreines und der Mumie in einer Barke sowie den Schrein mit den Eingeweidekrügen und eine Reihe von Opfergaben. Die Auswahl der Bebilderung kann je nach Ausführung des Totenbuches und dessen zeitlichem Rahmen variieren. Die Prozession endet vor dem Grab, wo die Mumie des Verstorbenen von Anubis, dem Gott mit dem Schakalkopf, empfangen wird. Entscheidend für das Weiterleben im Jenseits war auch die «Belebung» der Mumie durch das Mundöffnungsritual. Ein Priester berührte den Mund, die Nase, die Augen und die Ohren des Verstorbenen mit speziellen Geräten, damit dieser im Jenseits alle Sinne zur Verfügung hatte.

In einer zweiten Szene auf dem Papyrus der Ta-remetsch-en-Bastet → 3 ist am oberen rechten Bildausschnitt das Grab der Verstorbenen mit einer Pyramide zu sehen. Die Spitze war meist durch einen Abschlussstein (Pyramidion) gekrönt. Das Pyramidion war jeweils nach dem Sonnenlauf ausgerichtet. Ein anschauliches Beispiel ist das Pyramidion des Ptah-mose → 2 aus der Zeit des Neuen Reichs (18. Dynastie, 1388–1351/50 v. Chr.). Eine der beiden dekorierten Seiten war nach Osten ausgerichtet, der aufgehenden Sonne zugewandt, die andere Seite zeigte nach Westen, in Richtung der untergehenden Sonne. In Hieroglyphen ist die Bitte formuliert, der Sonnengott Re möge Ptah-mose bei seinem Untergang im Westen wohlbehalten mit in die Unterwelt mitnehmen.

Das zentrale Motiv auf dieser Abbildung aus dem Papyrus von Ta-remetsch-en-Bastet bildet jedoch der Aufgang der Sonne. Das Sterben und tägliche Wiederauferstehen des Sonnengottes war ein fester Bestandteil in der altägyptischen Jenseitsvorstellung. Durch den Tod nahmen die Verstorbenen an der Reise des Sonnengottes teil und erhielten somit die Chance, an seiner Seite immer wieder neu geboren zu werden.

Die Wiedergeburt beziehungsweise der Aufgang der Sonne wird im Totenbuchspruch 15 und mit der grossen Vignette thematisiert. Im untersten Bildfeld sitzt die Verstorbene vor einem reich gedeckten Opfertisch. Darüber hebt der Luftgott Schu die Sonne aus der Nacht

hinauf in den Morgen; acht Sonnenaffen und zwei Seelenvögel begleiten ihn und huldigen der aufgehenden Sonne. Im dritten Bildfeld wird die aufgehende Sonne von zwei weiblichen Figuren, den Göttinnen Isis und Nephthys, flankiert. Das abschliessende oberste Bild zeigt die Verstorbene mit den Sonnengöttern Re-Harachte, Atum und Cheper in einer Barke sitzend. Am Steuerruder steht der Gott Horus.

Der Sonnengott besitzt zahlreiche Erscheinungsformen und Namen. Die regenerierte Sonne kann als Sonnenscheibe, aber beispielsweise auch als Skarabäus dargestellt sein, denn Skarabäus (altägyptisch *cheper*) bedeutet «Käfer» und gleichzeitig «entstehen». Ein beliebtes Motiv auf Särgen oder Mumien ist der geflügelte Skarabäus → 5, der entweder direkt aufgemalt wurde oder sich als Auflage auf den Särgen und Mumien befinden konnte. Er symbolisiert den Aufstieg zum Himmel und damit zum ewigen Leben.

1

Auf dem Pektoral des Pa-nehesi → 1 ist der Skarabäus in einer Barke zu sehen, flankiert von den Göttinnen Isis und Nephthys. Solche Brustschildchen zeigen fast immer Gottheiten und wurden nicht nur von den Lebenden getragen, sondern auch den Verstorbenen mit ins Grab gegeben. Man platzierte sie auf der Mumie und befestigte sie gelegentlich auf den Leinenbinden im Brustbereich. Dieses Pektoral zeigt den Skarabäus jedoch nicht nur als Verkörperung der aufgehenden Sonne: Eine Inschrift auf der Rückseite kennzeichnet ihn als sogenannten Herzskarabäus. Das Herz galt als der Sitz des Verstandes und musste daher auch in der Mumie erhalten bleiben, damit der Mensch im Jenseits weiterleben konnte.

Das sogenannte Amduat, das «Buch von dem, was in der Unterwelt ist», gehört wie das Totenbuch zu den altägyptischen

Jenseitsführern. Es entstand im Neuen Reich (um 1500 v. Chr.) und beschreibt anhand von Bild und Text die Nachtfahrt des Sonnengottes. Ähnlich wie beim Totenbuch finden sich Auszüge des Amduat auf Grabwänden, Särgen und vor allem auf Papyri.

Die nächtliche Reise des Sonnengottes kannte viele Gefahren und dauerte wie die Tagesreise zwölf Stunden. Der grösste Widersacher war der Schlangengott Apophis, der die Fahrt des Sonnengottes behinderte und den Sonnenaufgang verhindern wollte. Gelänge ihm dies, käme es zu einer kosmischen Katastrophe, vor der sich die Ägypter permanent fürchteten. Der Weg durch die Unterwelt führte unterirdisch von Westen nach Osten durch zwölf verschiedene Tore und Pforten; jede einzelne Stunde wird in drei Registern in Bild und Text beschrieben, wobei die Barke des Sonnengottes stets das Zentrum bildet.

Der Papyrus →6 zeigt die zwölfte Stunde, an deren Ende die Sonne in Gestalt des Skarabäus wiedergeboren wird. Für die Wiedergeburt muss sich der Sonnengott Re verjüngen, und dieser Prozess vollzieht sich im Innern einer grossen Schlange. Die Barke des Gottes wird an einem Seil durch verschiedene Gottheiten von hinten durch den Schlangenkörper gezogen. Sie wird direkt in die geöffneten Arme des Gottes Schu geführt, der dann die Sonne als Skarabäus zum Himmel emporhebt. Zurück bleibt der Totengott Osiris, der als Mumie schräg an den ovalen Abschluss des Amduat gelehnt ist.

Der Sonnenlauf bedeutete in der altägyptischen Vorstellung einen allumfassenden kosmischen Prozess, der das gesamte Leben im Diesseits und Jenseits bestimmte. Durch ihn wurde es möglich, die Vergänglichkeit des irdischen Lebens zu überwinden und in die Ewigkeit überzugehen.

2

→ 1   Pektoral des Pa-nehesi | Ägypten,
Neues Reich, 20. Dynastie, 1186 – 1070 v. Chr.

→ 2   Pyramidion des Ptah-mose | Ägypten,
Neues Reich, 18. Dynastie, 1388 – 1351/50 v. Chr.

3

5

4

→ 3   Der Aufgang der Sonne. Vignette zum Spruch 15
aus dem Totenbuch der Ta-remetsch-en-Bastet | Ägypten,
frühptolemäische Zeit, 320–306 v. Chr.

→ 4   Das Totengericht. Vignette aus dem Totenbuch der
Ta-remetsch-en-Bastet | Ägypten, frühptolemäische Zeit,
320–306 v. Chr.

→ 5   Mumienauflage in Form eines geflügelten Skarabäus |
Ägypten, 4.–2. Jh. v. Chr.

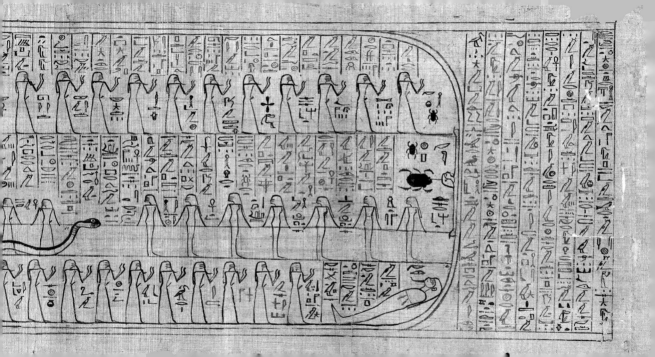

Harry Nussbaumer

«Und sie bewegt sich doch!»: Kosmologie von Platon bis zur kopernikanischen Wende

Platon, Aristoteles und Ptolemäus legen das Fundament

Schöpfungs- und Trennungsmythen enthalten die ältesten Erklärungen für die Entstehung und Struktur des Universums. Sie erzählen, wie aus dem Chaos Ordnung entstand und Himmel und Erde sich trennten. Platons Spätwerk *Timaios* (um 360 v. Chr.) ist tief in der westlichen Kultur verankert. Im Dialog mit Sokrates liefert Timaios von Lokroi eine mythologische Erklärung für die Entstehung des Universums: Der Demiurg ordnete und gestaltete den Kosmos aus dem Chaos der bereits vorhandenen Materie. Die Planeten und deren Bahnen verkörpern in ihren Kugelformen und Kreisbahnen das Unveränderliche und Vollkommene.

Mit Aristoteles begann in der Mitte des vierten vorchristlichen Jahrhunderts die wissenschaftliche Theorienbildung, die für beinah 2000 Jahre die europäische Kosmosvorstellung nachhaltig beeinflussen sollte. Aristoteles' Universum ist schalenförmig um die unbewegliche, kugelförmige Erde angeordnet. Sieben konzentrische, dicht übereinandergelagerte Schalen mit je einem Planeten bilden die verschiedenen Räume, wobei Mond und Sonne ebenfalls zu den Planeten zählen. In der achten Schale befinden sich die Fixsterne, an die das sogenannte Primum Mobile grenzt, die Haupttriebfeder, welche die Fixsterne und Planeten in 24 Stunden einmal um die Weltachse laufen lässt und mit der man sich den Wechsel von Tag und Nacht erklärte → 3. Sie ist identisch mit der Nord-Süd-Achse der Erde.

Die täglichen Bewegungen der Fixsterne in der achten Sphäre erfüllten Platons Axiom von immer gleichbleibenden Kreisbahnen in idealer Weise. Doch die Bahnen der Planeten zeigten Unregelmässigkeiten, sogenannte Schleifenbewegungen, die nach Erklärung verlangten. Die Gelehrten des hellenistischen Kulturraums suchten und fanden in den nachfolgenden Jahrhunderten mathematische Modelle, die mit befriedigender Genauigkeit diese unregelmässigen Bewegungen der Planeten beschrieben. Der *Almagest* (um 150 n. Chr.), eines der Hauptwerke der antiken Astronomie, das vom hellenistisch-griechischen Gelehrten Claudius Ptolemäus verfasst wurde, bildet den damaligen Wissensstand ab. Bei der Beschreibung der Planetenbahnen hielt Ptolemäus sich an das platonische Postulat der gleichmässigen Bewegungen auf Kreisbahnen. Allerdings gelang ihm dies nur mihilfe eines Kunstgriffs: Er versuchte die beobachteten unregelmässigen Bewegungen der Planeten mittels mehrerer Kreisbahnen (Epizyklen) zu erklären. Das hellenistische Weltbild vereinte also das räumlich begrenzte, kugelschalenförmige und ewig gleichbleibende aristotelische Universum, nach welchem eine äussere Kraft Sterne und Planeten auf ihren Bahnen um die in der Mitte ruhende Erde antrieb, mit den im *Almagest* beschriebenen mathematischen Erklärungen zur Dynamik der Sterne und Planeten.

Die Kosmologie des ausgehenden Mittelalters und neue Impulse aus dem Islam

Im Mittelalter basierten die kosmologischen Vorstellungen vor allem auf Platons *Timaios* und der alttestamentarischen Genesis. So wurde in der *Schedelschen Weltchronik* (1493) das Schalenmodell in den christlichen Himmel integriert → 5. Direkte Bezüge zwischen Menschen, Planeten und Tierkreiszeichen wurden aus der antiken Astrologie übernommen → 2, und von der mittelalterlichen Mystik kam der Impuls, den Mikrokosmos Mensch und den Makrokosmos als Einheit zu betrachten. Im 11. und 12. Jahrhundert verhalf der Kontakt zur islamischen Kultur, die das kulturelle Erbe der Antike bewahrt hatte, dem christlichen Westen zur Wiederentdeckung von Aristoteles und Ptolemäus. Daraus entstand eine christlich-platonisch-aristotelische Kosmologie. Der christliche Schöpfergott übernahm dabei die Rolle des «unbewegten Bewegers». Den aristotelischen Himmelssphären wurde ein weiterer Bereich jenseits der Sternenwelt angefügt: das Reich Gottes, der Engel und der Seligen.

Die kopernikanische Wende: eine kosmische Neubewertung des Menschen

Im Mittelalter war man der Auffassung, Gott habe die Welt für den Menschen erschaffen; das war dem geozentrischen Weltbild eine starke Stütze. Durch die Arbeiten von Nikolaus Kopernikus (1473–1543) wurde dieses Weltbild zerstört: Nicht mehr die Erde, sondern die Sonne nahm nun die Mitte ein → 4. Um sie kreisen die Planeten Merkur, Venus, Erde (einmal pro Jahr), Mars, Jupiter und Saturn. Die Erde dreht sich zusätzlich jeden Tag einmal um sich selbst, und um die Erde kreist der Mond. Der Mensch wird so vom Mittelpunkt zum mitbewegten Betrachter. Kopernikus blieb in seinem Hauptwerk *De revolutionibus orbium coelestium* (1543) dem aristotelischen Dogma der gleichförmig durchlaufenen Kreisbahnen treu. Aber sein heliozentrisches Modell kam der Realität bedeutend näher: Die Anordnung der Planeten wurde aufgrund direkter Beobachtung korrekt dargestellt, und die Schleifen der Planeten konnten ohne die Hilfe verschachtelter Epizyklen erklärt werden→1.

Das neue Weltbild verbreitete sich allerdings nur sehr zögerlich. Der Engländer Thomas Digges (1546–1595) versuchte die kopernikanische Kosmologie 1576 mit seiner Propagandaschrift *A Perfit Description of the Cælestiall Orbes* bekannt zu machen. Er setzt sich darin mit Kopernikus auseinander, fügt jedoch dessen begrenztem Universum die unendliche Sphäre der Sterne hinzu. Sie ist «der eigentliche Hof der himmlischen Engel»; Theologie und Kosmologie waren also noch immer eng verbunden.

Tycho Brahes Weltsystem als Alternative zu Kopernikus
Das Bild einer im Zentrum ruhenden Erde war in der Gesellschaft derart tief verankert, dass eine Abkehr vom geozentrischen Weltbild für die meisten Menschen undenkbar war. So auch für den herausragendsten astronomischen Beobachter des 16. Jahrhunderts, Tycho Brahe (1546–1601). Für ihn bot allerdings Kopernikus' zwanglose Erklärung der Reihenfolge der Planeten und der Schleifenbewegung der äusseren Planeten einen starken Anreiz, sodass er ein neues Weltsystem vorschlug. Die Erde verblieb ruhend im Zentrum, während die Sonne wie bei Ptolemäus um die Erde kreise; die übrigen Planeten zogen ihre Bahnen jedoch um die Sonne→6. Dieses Weltbild war mit der Bibel vereinbar und wurde von den Jesuiten rasch akzeptiert. 1576 schenkte der dänische König Tycho Brahe die Insel Hven zwischen Dänemark und Schweden. Dort sollte das erste einzig der astronomischen Forschung gewidmete Observatorium gebaut werden. Von Hipparchos bis Kopernikus

wurden Sternpositionen auf etwa ein halbes Grad genau angegeben; das entspricht dem von der Erde aus gesehenen Durchmesser der Sonne oder des Mondes. Tycho Brahe erzielte mit seinen Instrumenten eine 15-mal genauere Messung. Seine Entdeckung einer Supernova (explodierender Stern) und seine Beobachtungen einer Kometenbahn bewiesen, dass Aristoteles mit seiner Behauptung, der Himmel sei unveränderlich und Kometen seien Erscheinungen der irdischen Atmosphäre, falsch lag.

Um 1600 kursierten somit drei verschiedene kosmologische Modelle: das ptolemäische Modell aus dem klassischen Altertum, erweitert um die scholastische Himmelsvorstellung, das kopernikanische Weltbild, in dem die Sonne den zentralen Platz der Erde übernimmt, und die Kosmologie des Tycho Brahe, mit der Erde im Zentrum, um die Sonne und Mond kreisen, während die Planeten ihre Kreise um die Sonne ziehen.

Galileo Galileis Blick durch das Fernrohr und Keplers Bruch mit Platon
Als Galileo Galilei (1564–1642) sich im Jahr 1609 nach niederländischem Vorbild ein Teleskop konstruierte und es zum Himmel richtete, begann für die Astronomie ein neues Zeitalter. Seine 1610 in der Schrift *Sidereus nuncius* publizierten Entdeckungen sorgten in ganz Europa für Aufsehen. Drei Beobachtungen wurden zu wesentlichen Mosaiksteinen im neuen Weltbild: Der Mond hat Berge und Täler wie die Erde→7, um Jupiter kreisen vier Monde, und am Himmel existieren viel mehr Sterne, als mit blossem Auge zu sehen sind. Für Galilei war klar, dass diese Beobachtungen das kopernikanische Weltbild stützten; zudem machten sie deutlich, dass neue Erkenntnisse auf dem Gebiet der Astronomie primär durch Beobachtungen und nicht mittels philosophischer Theorien gewonnen werden konnten. Seine Weltsicht publizierte er 1632 im *Dialogo*. Das Buch wurde 1633 im Prozess der Inquisition gegen Galilei verboten; dem kopernikanischen System musste er in der Folge abschwören.

Johannes Kepler (1571–1630) erlangte vor allem durch seine drei Gesetze, die den Weg der Planeten um die Sonne beschreiben, Bekanntheit. Seine auf Brahes Beobachtungen basierenden Berechnungen ergaben für die Planetenbahnen keine Kreise, sondern Ellipsen – eine Erkenntnis, die weit mehr war als eine technische Korrektur. Platons Dogma der Kreisbewegung der Planeten hatte während 2000 Jahren gegolten, und nicht nur Kopernikus hatte es akzeptiert, auch Galilei blieb dabei. Keplers Entdeckung bedeutete einen radikalen Bruch mit der Vergangenheit und bereitete den Weg für Newtons Formulierung der Gravitationstheorie. Keplers 1596 publiziertes *Mysterium cosmographicum* (Das Weltgeheimnis) →9 und die 1609 erschienene *Neue Astronomie* →8 bildeten die Eckpunkte auf dem Weg aus der kosmischen Mystik in die strenge Wissenschaftlichkeit der Neuzeit.

Kepler lehnte auch Aristoteles' Vorstellung eines Primum Mobile ab. Die treibende Kraft sah er in der Sonne. Ihr schrieb er ein mit einem Magnetfeld vergleichbares Kraftfeld zu. Dazu postulierte er, die Sonne drehe sich um ihre eigene Achse und übertrage die drehende Kraft auf die Planeten, denen er anziehende und abstossende Kräfte zuschrieb. Für Kepler erschöpfte sich die Kosmologie nicht im Erstellen eines Himmelsinventars und in der Beschreibung der Planetenbahnen: Er war bestrebt, die dahinter wirkenden Kräfte zu ergründen.

Kosmologie und Bibeltreue
Kopernikus hatte sein Werk *De revolutionibus* noch dem Papst gewidmet und dabei mit Nachdruck beteuert, das heliozentrische System stehe in keinerlei Widerspruch zu dem, was die Bibel predige – der Vorwurf der Ketzerei hing wie ein Damoklesschwert über der Debatte um das richtige Weltbild. Auch Kepler und Galileo Galilei betonten ihre Bibeltreue, vertraten allerdings die Überzeugung, die Bibel verkünde ihre Botschaften mit Bildern, die der Zeit ihrer Niederschrift entsprächen und der Interpretation bedürften. Doch die Inquisition war nicht bereit, auf das Interpretationsmonopol zu verzichten, und verbot derlei Widersprüche.

Die Beobachtungen der damaligen Zeit reichten aus, um das alte ptolemäische Weltbild als falsch zu erklären, aber sie konnten noch nicht zwischen dem tychonischen und dem kopernikanischen Weltmodell entscheiden, obschon physikalische Überlegungen klar zugunsten des letzteren sprachen. Den Jesuiten, der intellektuellen Elite der katholischen Kirche, war zwar bewusst, dass die Debatte um das richtige Weltbild mit Galileis Abschwörung 1633 nicht beendet war. Aber die religiöse Befangenheit blieb weiterhin ein nur langsam abnehmender Bestandteil der kosmologischen Forschung, nicht nur in Roms Einflussbereich, auch in protestantischen Gebieten.

→ 1   Während sechs aufeinanderfolgenden Monaten wird die Lage von Mars aufgezeichnet. Dabei zeichnet seine Bahn eine Schlaufe auf dem immer gleichbleibenden Muster der Hintergrundsterne.

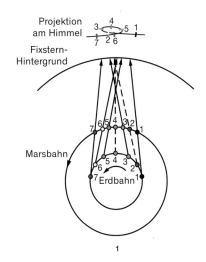

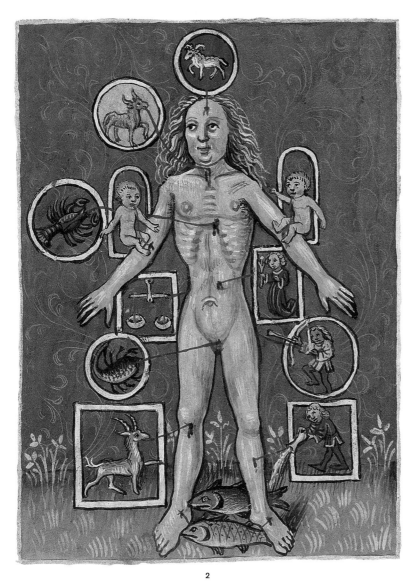

2

→ 2 Astrologie als Bestandteil der Kosmologie |
Codex Schürstab, Nürnberg, um 1472

→ 3 Das platonisch-aristotelische Weltbild mit
seinen acht Schalen und dem angrenzenden
Primum Mobile | Andreas Cellarius, *Harmonia
macrocosmica,* 1661

→ 4 Kopernikus' heliozentrisches Weltbild:
kreisförmige Planetenbahnen mit leicht verschiede-
nen Mittelpunkten | Nikolaus Kopernikus, *Torinensis
de revolutionibus orbium coelestium,* 1543

→ 5 Das mittelalterliche Weltbild: Das aristotelische Universum ist in den christlichen Himmel
eingebettet. | Hartmann Schedel, *Liber chronicarum*
(Schedelsche Weltchronik), 1493

→ 6 Das Universum nach Tycho Brahe: Die Erde
befindet sich im Zentrum, die Sonne kreist um
die Erde, und die Planeten kreisen um die Sonne. |
Andreas Cellarius, *Harmonia macrocosmica,* 1661

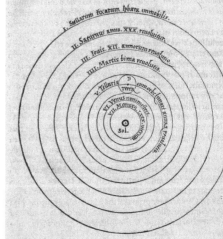

4

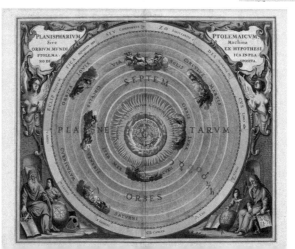

3

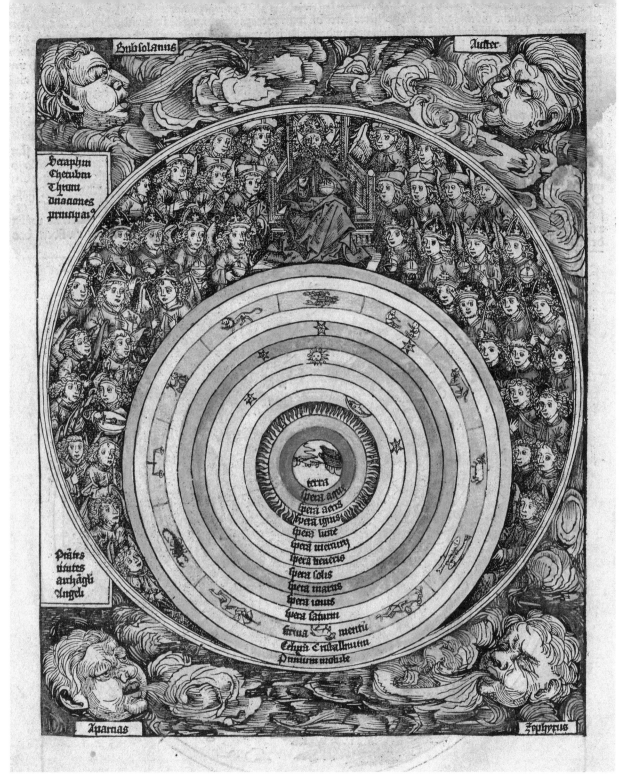

PLANISPHÆRIVM
Sive
MVNDI TOTIVS,
TYCHONIS
PLANO

SAGIT

TARIVS

SCOR

PIVS

SATVRNVS

CIRCVLVS SATVRNI

LI

BRA

GO

VIR

LE

CIRCVLVS
CIRCVLVS
CIRCVLVS

CAN

CER

BRAHEVM,
Structura
EX HYPOTHESI
BRAHEI IN
DELINEATA.

7

7

→ 7   Der Mond besitzt wie die
Erde Berge und Täler. | Galileo
Galilei, *Sidereus nuncius,* 1610

→ 8   Neue Astronomie: Keplers
Gesetze der Planetenbewegung |
Johannes Kepler, *Astronomia nova,*
1609

→ 9   Das Weltgeheimnis: Keplers
geometrisches Modell des Sonnen-
systems | Johannes Kepler,
Mysterium cosmographicum, 1596

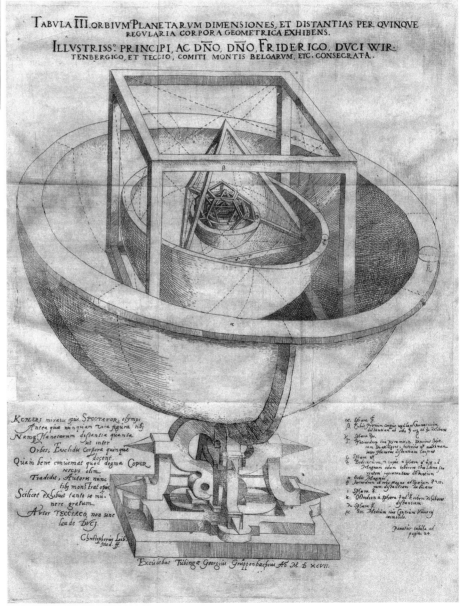

Harry Nussbaumer

Newton, Kant und Einstein: Kosmologie auf dem Weg zum expandierenden Universum

Descartes säkularisiert die Kosmologie

Der Einfluss der Religion auf die wissenschaftlichen Debatten über das Weltbild verlor im Verlauf des 17. Jahrhunderts mehr und mehr an Bedeutung. Insbesondere René Descartes (1596–1650) verwarf das biblische Bild des Universums und erklärte die Welt als Resultat einer fortwährenden Entwicklung, die von der Materie innewohnenden Eigenschaften getrieben wurde. Damit trennte er die Kosmologie von theologischen Erörterungen und definierte sie als ausschliesslich wissenschaftliches Betätigungsfeld.

Die heliozentrische Welt des Kopernikus war in den Augen Descartes' zu eng; er sah die Sonne als Stern unter anderen Sternen, für deren Entstehung er eine physikalische Erklärung zu Hilfe nahm: Durch Wirbel verdichtet sich die Materie an bestimmten Orten, wodurch sich Sterne und Planeten bilden → 3. Mit der Hypothese einer zeitlichen Entwicklung brachte Descartes eine neue Dimension in die Kosmologie.

Hooke, Halley und Newton: Gravitation ist die regierende Kraft im Universum

Die Frage nach der Kraft, welche die Planeten um die Sonne treibt, war nach wie vor offen. Die Antwort kam aus dem Kreis der Royal Society in London, zu der im letzten Viertel des 17. Jahrhunderts Robert Hooke (1635–1703), Edmond Halley (1656–1742) und Isaac Newton (1642–1727) zählten. Hooke hatte als Erster die Idee der Gravitation postuliert: Materie besitzt die Eigenschaft, dass sich zwei beliebig kleine oder grosse Körper gegenseitig anziehen. Halley drängte Newton, aufgrund von Hookes Hypothese die von Kepler beschriebenen Planetenbahnen zu berechnen. Newton formulierte das Gesetz, das die Gravitationskraft als direkte Folge der Massen der beteiligten Körper beschreibt, und jene Gesetze, nach denen sich Körper unter dem Einfluss der Gravitationskraft bewegen.

Die Astronomie trennt sich von der Astrologie

Die hellenistische Kultur hatte den Grundgedanken der Astrologie, nach dem die Gestirne das menschliche Schicksal beeinflussen, von Mesopotamien übernommen, ihn dann aber zu jenem Deutungsraster astronomischer Erscheinungen entwickelt, das in seinen Grundlagen noch in der heutigen Astrologie Geltung hat. Die Astrologie betrachtete die Gestirne als wesenhaft lebendig, ausgestattet mit seelischen und geistigen Eigenschaften, und schrieb ihnen schicksalsbestimmende Kräfte zu. Die Wirkung hing davon ab, welche Stellung die Planeten zueinander einnahmen und in welcher Lage sie sich gegenüber dem Hintergrund der Fixsterne befanden. Obschon seit der Antike ein Bedürfnis bestand, die Astrologie als Wissenschaft zu betreiben, wurde dieses Ziel nie erreicht. Nachdem die Astronomie im Lauf der kopernikanischen Wende ein grundsätzlich neues Weltbild geschaffen hatte und mit der Entdeckung der Gravitation die das Universum beherrschende Kraft gefunden war, brach in den Augen der Astronomie das astrologische Gerüst in sich zusammen. Seither grenzt sich die wissenschaftliche Astronomie klar von der Astrologie ab.

Die kosmologischen Spekulationen von Kant, Laplace und Herschel

Seit Galilei hatte sich das Teleskop zum wichtigsten Instrument der Astronomie entwickelt; mit ihm gelang die Entdeckung einer wachsenden Zahl nebliger Gebilde. Diese Nebel inspirierten den Philosophen Immanuel Kant (1724–1804) zur Hypothese, unsere Milchstrasse sei eine unter dem Einfluss der Gravitationskraft entstandene scheibenförmige, riesige Ansammlung von Sternen. Das Universum wiederum sei erfüllt von solchen als Nebel wahrgenommenen Sternenwelten.

Als Alternative zu Descartes' Wirbeln postulierte Kant in seiner *Allgemeinen Naturgeschichte und Theorie des Himmels* (1755), unser Sonnensystem sei durch die Wirkung der Gravitation aus einer lokalen Verdichtung innerhalb der ursprünglichen Materie der Milchstrasse hervorgegangen. Aber nicht nur unser Sonnensystem sei so entstanden, sondern auch andere Sterne, die wiederum Planeten um sich hätten; das ganze Universum sei unter dem Einfluss der Gravitationskraft in ständiger Entwicklung begriffen.

Pierre-Simon Laplace (1749–1827) entwickelte in seinem 1796 veröffentlichten Beitrag *Exposition du système du monde* Ideen, die denen von Kant sehr ähnlich waren; die beiden sollten recht behalten. Ihr fundamen-

taler Gedanke lautete: Unstrukturierte
Materie strukturiert sich durch ihre eigenen
Eigenschaften.

Nicht spekulativ, vielmehr beobachtend
ging William Herschel (1738–1822) das Rätsel
der Nebel an. Über deren Natur fand er
keine abschliessenden Antworten, befruchtete
die Forschung allerdings mit einem ausser-
ordentlich reichen Schatz an Beobachtungen.
In der Folge zeigte sich, dass der Begriff «Nebel» Objekte verschiedenster Art mit einschloss,
darunter auch die von Kant und Laplace
postulierten Sternenwelten, von Humboldt
später als «Welteninseln», heute als «Galaxien»
bezeichnet. Herschel suchte auch nach der
Struktur unserer Milchstrasse →6 und fand,
die Sonne liege nahe der Mitte – ein Fehler,
der erst um 1920 korrigiert wurde.

Die Spektroskopie revolutioniert
die Kosmologie

Im 19. Jahrhundert wurde die Kosmologie
durch den Einbezug der Spektroskopie berei-
chert. Man entdeckte, dass Licht, welches
von einem Körper ausgesandt wird, uns über
dessen physikalische Eigenschaften und Bewegungszustand informiert. Aus den Linienmus-
tern der Spektren konnte man bereits ab der
Mitte des 19. Jahrhunderts ableiten, dass
die Himmelskörper aus denselben chemischen
Elementen bestehen wie die Erde. Den von
Aristoteles postulierten fundamentalen Unterschied zwischen himmlischer und irdischer
Materie gibt es demnach nicht. Die Spektroskopie erlaubte also, fernste Gebiete von
der Erde aus physikalisch zu erforschen; das
Licht lieferte die Informationen.

Von Nebeln zu Galaxien

Der amerikanische Astronom Harlow Shapley
(1885–1972) entdeckte 1918, was Herschel Ende
des 18. Jahrhunderts gesucht hatte: Er rekon-
struierte die qualitative Struktur der Milchstrasse aus der räumlichen Verteilung der Kugel-
sternhaufen und fand, dass die Sonne zwar in
der diskusförmigen Scheibe der Milchstrasse,
jedoch weit vom Zentrum entfernt liegt →4.

Entfernungsbestimmungen in den 1920er-
Jahren zeigten, dass der Spiralnebel in Andro-
meda →5 weit ausserhalb der Milchstrasse liegt.
Weitere spektroskopische Untersuchungen und
Distanzbestimmungen bestätigten in der

Folge, dass ein bedeutender Anteil der Nebel
die Kant-Laplacesche Hypothese erfüllt. Diese
Nebel, heute eben als Galaxien bezeichnet,
sind die sichtbaren Bausteine des Universums.

Galaxien entstanden durch die Wirkung
der Gravitationskraft: Gebiete leicht erhöhter
Dichte im Gas des frühen Universums zogen
weitere Materie an sich. So entstanden aus
geringen Dichteschwankungen isolierte Wolken
mit hoher Dichte und einem Gehalt an Gas
für Millionen oder gar hunderte Milliarden von
Sternen. Wie bereits von Kant und Laplace
vermutet, bewirkte die Gravitationskraft also
die Sternentstehung im Innern der Wolken:
In dichteren Gasansammlungen formen sich
Sterne. Beobachtungen zeigen, dass Sterne
noch immer auf diese Art entstehen. Die ersten
Galaxien und Sterne entstanden schon in
der Jugendphase des Universums, einige
hundert Millionen Jahre nach dem Urknall, der
sich gemäss heutiger Theorie vor 13,8 Milliarden Jahren ereignete.

Schwarze Löcher in den Zentren
der Galaxien

Beobachtungen legen nahe, dass sich im Zentrum aller grösseren Galaxien ein massereiches
Schwarzes Loch befindet – so auch in der
Mitte unserer Milchstrasse. Schwarze Löcher
entstehen durch die Ansammlung hoher
Masse auf kleinstem Raum. Um die Erde in ein
Schwarzes Loch zu verwandeln, müsste man
sie auf einen Durchmesser von zwei Zenti-
metern zusammenpressen, die Sonne auf sechs
Kilometer. Dann könnte weder von der Erde
noch von der Sonne ein Lichtstrahl entwei-
chen, und was in ein solches Schwarzes Loch
fiele, käme nicht mehr heraus.

Die Sonne kreist in einer Distanz von
27 000 Lichtjahren um das Zentrum der
Milchstrasse. Dort wurden Sterne gefunden,
die nahe um einen unsichtbaren Punkt
kreisen: das Schwarze Loch. Wie die Sonne
die Planeten auf ihren Bahnen hält, so werden
jene Sternbahnen vom Schwarzen Loch
beherrscht, dessen Masse auf vier Millionen
Sonnenmassen berechnet wurde.

Die moderne Kosmologie
des expandierenden Universums

Die moderne Kosmologie nahm ihren Anfang,
noch bevor die Galaxien-Hypothese end-

gültig akzeptiert war, und zwar mit einem beobachtenden und einem theoretischen Beitrag. Spektren zeigen den Bewegungszustand des beobachteten Himmelskörpers. Vesto Slipher (1875–1969), ein Wegbereiter der modernen Kosmologie, untersuchte zwischen 1912 und 1922 die Spektren von Spiralnebeln. Er fand heraus, dass sich die meisten Spiralnebel mit hoher Geschwindigkeit von uns wegbewegten; je weiter die Nebel entfernt waren, desto schneller entfernten sie sich – Beobachtungen, die vorerst ohne überzeugende Erklärung blieben.

Als Albert Einstein (1879–1955) seine allgemeine Relativitätstheorie 1917 auf das Weltall anwandte, leitete er für die Kosmologie eine neue Epoche ein. Einstein nahm an, die Welt im Grossen sei unveränderlich. Allerdings würde sie dann unter der Wirkung der Gravitation in sich zusammenfallen. Deshalb baute er eine Gegenkraft in seine Theorie ein: den kosmologischen Term, heute meist «kosmologische Konstante» genannt. Das derart konstruierte statische Universum lieferte aber keine Erklärung für die beobachteten Fluchtbewegungen der Spiralnebel. Das Rätsel wurde 1927 vom Belgier Georges Lemaître (1894–1966) gelöst, als er Einsteins Beschränkung auf ein statisches Universum fallen liess und entdeckte, dass unser Universum expandiert.

Aus der beobachteten Expansion schliesst man auf eine Geburt des heutigen Universums vor ungefähr 13,8 Milliarden Jahren. Die gesamten heute mit den besten Teleskopen sichtbaren Sterne und Galaxien bildeten einen Raum, nicht grösser als eine Nussschale. Mit der explosionshaften Expansion dieses kosmischen Kerns entstanden Raum und Zeit.

Unser Universum entstand mit dem Urknall
Unsere physikalischen Kenntnisse reichen noch nicht aus, um den allerersten Bruchteil einer Sekunde in der Geschichte des Universums zu ergründen. Zurzeit wird von der Wissenschaft eine Inflationsphase vermutet. In dieser dehnte sich der Raum mit rasender Geschwindigkeit aus und verwandelte die Urknallmaterie aus ungeheurer Dichte und Temperatur in den ersten Sekunden in die uns heute bekannte Materie. Die Expansion setzte sich mit abnehmender Geschwindigkeit fort, die gasförmige Materie und das Strahlungsfeld kühlten sich ab. Das aus der Inflation entstandene Universum – unsere Welt – ist in Einsteins Terminologie ein vierdimensionales gekrümmtes Raum-Zeit-Kontinuum mit euklidischem räumlichem Teil.

Radiostrahlung aus dem Weltall zeigt uns dessen Zustand ungefähr 400 000 Jahre nach dem Urknall → 1. Zu diesem Zeitpunkt gab es weder Galaxien noch Sterne. Die Materie bestand aus einem Strahlungsfeld und einem Gasgemisch aus Wasserstoff und Helium mit einer Temperatur um die 4000 Grad. Die geringen Abweichungen von einer konturlos gleichverteilten Strahlung spiegeln eine sich später verstärkende Inhomogenität in der Verteilung des Wasserstoff-Helium-Gases. Während eine perfekte Homogenität, das heisst Gleichverteilung, keine Struktur aufweist, enthalten die ursprünglichen, sehr geringen Inhomogenitäten die Saat für die später entstehenden starken Inhomogenitäten: die Galaxien.

Inventar des Universums – Galaxien,
dunkle Materie, dunkle Energie
Galaxien sind die sichtbaren Bausteine des Universums. Ihre Verteilung ist nicht gleichmässig, sondern wabenförmig → 2, was an die Inhomogenität der Hintergrundstrahlung erinnert. Dies erlaubt Rückschlüsse auf die strukturbildenden Kräfte, die seit der ersten Sekunde des Urknalls wirken.

Der Schweizer Astrophysiker Fritz Zwicky (1898–1974) traf 1933 bei der Erforschung von Galaxienhaufen auf die geheimnisvolle «dunkle Materie». Sie wirkt durch die Gravitation, doch wir können sie nicht sehen. Die Bewegungen der einzelnen Galaxien im Haufen sind jedoch nur erklärbar, wenn weit mehr Materie, als wir sehen, gravitativ wirksam ist. Inzwischen ist es immer wahrscheinlicher geworden, dass die dunkle Materie im gesamten Universum vorhanden ist, und zwar etwa fünfmal häufiger als die uns bekannte. Die eigentliche Natur der dunklen Materie ist allerdings noch immer ein Rätsel und ein stark bearbeitetes Forschungsobjekt.

Eine geheimnisvolle Energie treibt
die Expansion des Universums
Seit 1998 legen die Beobachtungen nahe, dass sich das Universum beschleunigt ausdehnt. Die Erklärung hierfür ist mit der von Einstein

eingeführten kosmologischen Konstante verbunden. Diese wirkt der Gravitationskraft entgegen und wird als «dunkle Energie» bezeichnet. Ihre weiteren Eigenschaften und ihre Herkunft sind noch unbekannt.

Leben im Universum

Die sich durch Beobachtungen verfestigende Gewissheit, dass sonnenähnliche Planetensysteme in unserer Milchstrasse millionenfach existieren, hat die Wahrscheinlichkeit, dass Leben auch andernorts existiert, gewaltig erhöht. Dieser Einschätzung liegt die Prämisse zugrunde, dass wenn auf einem Planeten erdähnliche Bedingungen existieren, dort auch Leben – in welcher Form auch immer – entstehen wird.

→ 1 Visualisierung der kosmischen Hintergrundstrahlung. Die Temperatur der Strahlung ist 2,7 Grad Kelvin, also etwa -270 Grad Celsius. Die Farbunterschiede zeigen Temperaturschwankungen im Bereich eines tausendstel Grades an.

→ 2 Die räumliche Verteilung der Galaxien im Universum. Jeder Punkt dieser Darstellung entspricht einer Galaxie mit Milliarden von Sternen.

→ 3 In Descartes' Universum lassen kosmische Wirbel Sterne und Planeten entstehen | René Descartes, *Principia philosophiae,* 1644

1

2

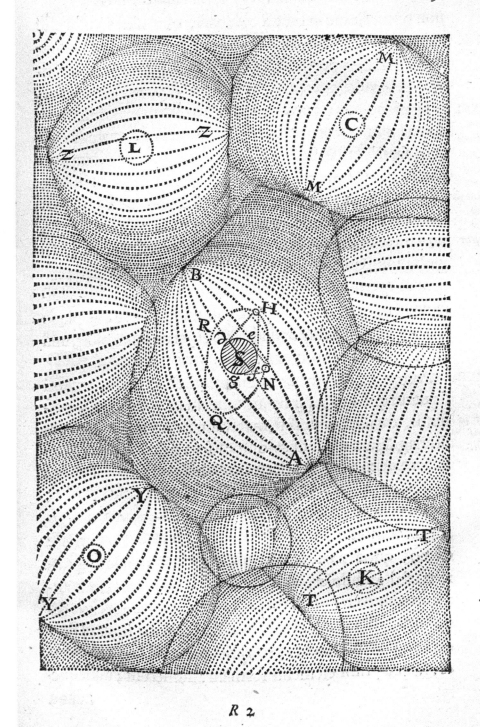

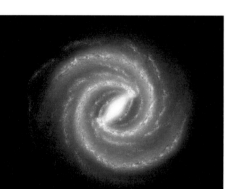

4

5

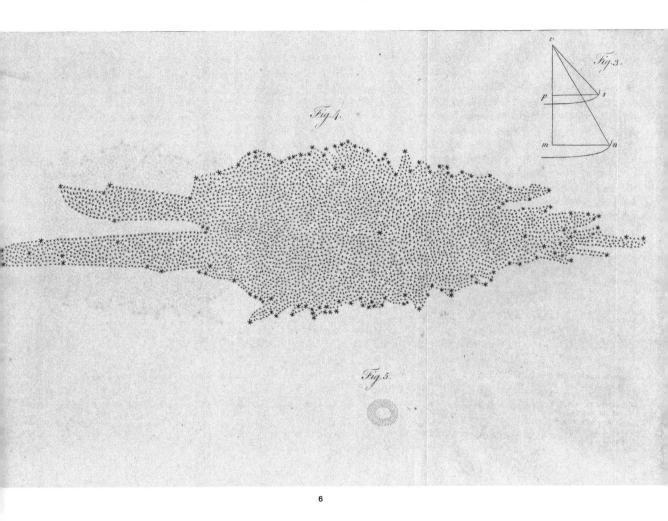

Fig. 4.

Fig. 3.

Fig. 5.

6

→ 4   Heutige Visualisierung unserer Milchstrasse; sie ist
eine Spiralgalaxie.

→ 5   Die grosse Galaxie im Sternbild Andromeda (M31).
Die Galaxie wurde bereits 1614 vom deutschen Mathematiker,
Astronom und Arzt Simon Marius mit einem Teleskop entdeckt.

→ 6   William Herschels Entwurf unserer Milchstrasse |
William Herschel, *On the Construction of the Heavens,* 1785

Markus O. Speidel

Das Weltbild der Germanen: Wodans Auf- und Abstieg am Weltenbaum

Die Germanen werden erstmals von den Schriftstellern des klassischen Altertums im ersten Jahrhundert vor unserer Zeitrechnung erwähnt. Sie bewohnten Mittel- und Nordeuropa von der Seine bis zur Weichsel. Die Sprache, Kultur und Kunst, die Astronomie, die Religion und die Schöpfungsmythen der Germanen sind Töchter der etwa 6000 Jahre alten, in Europa und Asien weitverbreiteten indogermanischen Kultur. Der germanische Schöpfungsmythos ist deshalb aufs Engste auch mit den indischen Mythen verwandt.

Drei Quellen geben uns Auskunft über den germanischen Schöpfungsmythos, über die Struktur und die Entwicklung der Welt: die im 13. Jahrhundert in Island niedergeschriebene, aber wohl schon vorher sehr lange mündlich weitergegebene Mythensammlung der *Edda,* die Schriften der antiken Autoren Caesar und Tacitus sowie archäologische Bodenfunde aus den frühen germanischen Kulturen. Die Schöpfung der Welt erklärt die *Edda* mit dem Opfer, der Tötung des Riesen Ymir durch die Götter und dem Aufbau der Welt aus seinen Bestandteilen. In den verwandten indischen, chinesischen und babylonischen Weltschöpfungsmythen heissen die entsprechenden Wesen Purusha, Pan Gu und Tiamat. In der *Edda* heisst es:

«Sie nahmen Ymir […] und erschufen aus ihm die Erde; aus seinem Blut das Meer und die Gewässer; die Erde wurde aus dem Fleisch gemacht, die Berge aus den Knochen. Sie nahmen auch seinen Schädel, machten daraus den Himmel und setzten ihn an vier Ecken auf die Erde. Und in jede dieser Ecken stellten sie einen Zwerg; sie heissen so: Austri, Westri, Nordri und Sudri. Dann griffen sie nach den Funken, die herumflogen […], gaben ihnen einen festen Platz und bestimmten ihre Laufbahnen […], dadurch die Tageszeiten und die Zählung der Jahre geordnet wurden. Die Erde […] ist am Rand kreisförmig, und ringsherum liegt das tiefe Meer. In der Mitte der Erde errichteten sie einen Wall um die Welt gegen die Angriffe der Riesen [also des Chaos]. Sie nannten diese Burg Midgard. Als Nächstes schufen sie sich die Burg in der Mitte der Welt, die Asgard genannt wird. Dort wohnten die Götter. Und wenn sich Allvater auf seinem Hochsitz nieder-

liess, da sah er, was alle Welten und jeder einzelne Mensch taten. Zwei Raben sitzen auf seinen Schultern und sagen ihm alles ins Ohr, was sie sehen und hören.»

Zur Erschaffung der Menschen gab Allvater (früher Wodan, später Odin genannt) «Seele und Leben».

Im Zentrum der germanischen Welt steht der Weltenbaum, der Himmel, Erde und Unterwelt miteinander verbindet. Mythologisch entspricht er der Weltensäule oder dem Weltenberg, also auch dem indischen Berg Meru. In der *Edda* wird der Weltenbaum wie folgt beschrieben: «Eine Esche weiss ich stehen, sie heisst Yggdrasill. Die Esche ist der grösste und beste aller Bäume. Ihre Äste breiten sich über die ganze Welt aus und erstrecken sich über den Himmel. Drei Wurzeln richten den Baum auf und liegen besonders breit.» Unter einer dieser Wurzeln liegt Nidhögg, der Schlangendrache der Unterwelt, unter einer anderen liegt die Quelle von Klugheit und Verstand. Dorthin kommt Allvater und erbittet, daraus zu trinken. Der oberste Gott und Allvater, der durch die Sonne dargestellt wird, steigt also am Weltenbaum auf und ab.

Zeitlich ist die germanische Welt nicht stabil. Ähnlich wie die indische kann sie zerstört werden. Dies geschieht während des *ragnarök,* des Göttergerichts, wenn die Götter gegen die Riesen (gegen das Chaos) den Kampf verlieren. Dann versinkt die Welt im Meer, taucht danach aber neu und besser wieder auf: Sie ist zyklisch.

Der Lauf der Sonne ist auf Kunstwerken anhand der vier Sonnenstände dargestellt: Vom Zenit aus geht die Sonne unter und von Mitternacht aus, in der Unterwelt, läuft sie wieder zum Sonnenaufgang. Ein solcher Kreislauf ist auf einer Kultscheibe dargestellt →1: Der horizontale Balken am unteren Ende stellt den Horizont dar, darauf steht der als Gabelsäule gezeigte Weltenbaum, der die sechsstrahlige Sonne im Zenit trägt. Die drei kleineren Kreise bedeuten die drei weiteren Sonnenstände.

Der Weltenbaum mit seinen drei Wurzeln ist auch auf zahlreichen germanischen Münzen erkennbar →5. Die Verjüngung im Stamm befindet sich am Durchstoss durch die horizontal dargestellte Erdscheibe. Um ihre Kante ringelt sich die Weltenschlange und zeigt ihren runden

Kopf. Die Sonne über dem Baum und die zwei weiteren Himmelskörper neben ihr – der Morgenstern und der Abendstern, die himmlischen Dioskuren – lassen kaum einen Zweifel daran, dass es sich bei dem Baum um den Weltenbaum handelt.

Der Weg des Allvaters Wodan am Weltenbaum ist in Abbildung →6 zu sehen. Oben in seinem himmlischen Palast zeigt er im Schlangengeleit sein schreckliches Gesicht *(Yggr)*. Über die aufgewölbte Brücke kommt er auf den Weltenbaum herab. In der Mitte dieser Brücke ist ein Loch erkennbar, in dem einst eine weitere Sonnenscheibe aufgenietet war, die jetzt seitlich daneben abgebildet ist. Sehr ähnlich sind die beiden seitlichen Sonnen und die Sonne ganz unten. Der Weltenbaum ist hier als Flechtbandsäule aus Schlangenleibern mit Raubvogelköpfen ausgebildet. Eine zweite doppelköpfige Schlange liegt ganz unten, in der wässrigen Unterwelt, um die «Mitternachtssonne» herum. Diese doppelköpfigen Schlangendrachen haben eine wesentliche mythologische Bedeutung, wie sie auch aus China bekannt ist: Sie stellen ein Verschlingen und Wiederausspeien dar – Tod und Wiederkehr. Dies entspricht dem tiefsten Punkt des Sonnenlaufs in der Unterwelt, denn hier ist um Mitternacht auch der Umkehrpunkt, an dem der Wiederaufstieg beginnt. Dies ist der Kern der germanischen Mythologie: Dem Tod folgt die Wiederkehr, sei es die Wiederkehr des Tages, des Mondes, des Jahres, der Welten oder der Menschen.

Gaius Julius Caesar schrieb im Jahr 58 v. Chr. über die Gallier und Germanen: «Ihre Hauptlehre ist, die Seele sei nicht sterblich, sondern gehe von einem Körper nach dem Tod in einen anderen über, und sie meinen, diese Lehre sporne besonders zur Tapferkeit an, da man die Todesfurcht verliere. Auch sprechen sie ausführlich über die Gestirne und deren Bewegung, über die Grösse von Welt und Erde, über die Natur, über Macht und Walten der unsterblichen Götter und überliefern ihre Lehre der Jugend.»

Der Sonnenlauf als Weg des allwissenden germanischen Schöpfergottes Wodan vom Himmel auf die Welt hinab ist in Abbildung →2 dargestellt. Zunächst lassen sich die vier Gesichter des Sonnengotts als die vier oben genannten Sonnenorte lesen. Drei davon sind im Himmel als Sonnenaufgang, Zenit und Sonnenuntergang dargestellt. Auf der vierten Seite hat Wodan den Weg über die Himmelsbrücke nach unten beschritten.

Auf den Rechtecken beidseits der Brücke ist jeweils die Vierfachschlaufe zu erkennen, die sowohl die ewige Wiederkehr als auch die Sonne beziehungsweise den Sonnengott symbolisiert. Die vier Gesichter selbst sind je doppelt als Wodan gekennzeichnet: durch seinen schöpferischen Atemhauch und durch die Raben, die ihm in die Ohren flüstern. Die Vögel sind durch ihre Krummschnäbel erkenntlich, die sich den Augen (und Ohren) der Gesichter nähern.

Der himmlische Palast, der auf den Abbildungen →6 und →2 nur als oberes Rechteck in der Ebene des senkrechten Weltenbaums gezeigt wird, ist auf der Brosche in Abbildung →3 horizontal in seiner ganzen Pracht und symbolischen Bedeutung der indogermanischen Tradition dargestellt. Der Aufbau der Brosche aus Mitte, vierfacher göttlicher Schaubildentfaltung und äusseren Kreisen entspricht einem Mandala, wie wir es aus Hinduismus und Buddhismus kennen. Ein Mandala also der alten Germanen.

Ein Mandala ist meist kreisrund und vierfach symmetrisch geteilt und verkörpert die Einheit und Ganzheit der Welt. So kann es auch ein Modell der Welt oder des Himmels darstellen und damit einen Teil des Kosmos abbilden. Weit seltener sind sechsfach geteilte Mandalas (vgl. →4). Die sechs um die Sonne angeordneten Götterbilder mögen die sechs weiteren Planeten der germanischen und römischen Wochentage darstellen.

→1   Kultscheibe mit dem Lauf der Sonne um den Weltenbaum | Nördliches Zentraleuropa, 6. Jh. v. Chr.

→ **2**   Gewandspange: Wodans Atem im Himmel
und auf Erden | England, 6. Jh.

→ **3**   Brosche mit einem «Viergötter-Mandala» |
England, 5./6. Jh.

→ **4**   Brosche mit einem «Sechsgötter-Mandala»
England, 6. Jh.

→ **5**   Goldmünze mit der eingeprägten Sonne übe
dem Weltenbaum | England, Belgien, 1. Jh. v. Chr.

→ **6**   Gewandspange mit der Darstellung
von Himmelsgott und Sonne am Weltenbaum |
England, 6. Jh.

4

5

6

Michaela Oberhofer

Die Welt als Reise, der göttliche Funke und der trunkene Gott: Weltbild und Pantheon der Yoruba in Nigeria

Aye l'ajo, orun n'ile – «Die Welt ist eine Reise, aber das Jenseits ist das Zuhause» – lautet ein Sprichwort der Yoruba in Nigeria. Wie in vielen Kulturen Afrikas wird der Kosmos bei den Yoruba aus zwei untrennbar miteinander verbundenen Hälften gedacht→1: der sichtbaren Welt der Lebenden *(aye)* und der unsichtbaren Welt der Gottheiten, Ahnen und Geistwesen *(orun)*. Dabei zeichnet sich das Weltbild der Yoruba durch ein besonders umfangreiches Pantheon mit 401 Gottheiten *(orisha)* aus, die neben dem Schöpfergott Olodumare die Geschicke der Menschen beeinflussen.[1] In Ritualen wie dem Wahrsagen vermitteln bestimmte Gottheiten wie Eshu zwischen diesen Welten→3.

Das Diesseits wird als «Reise» oder «Marktplatz» imaginiert, ein Sinnbild für die unvorhersehbaren und sich ständig wandelnden Herausforderungen des Lebens. Das Jenseits erscheint hingegen als Heimathafen, der nach dem Tod ein spirituelles Dasein für die Ewigkeit verspricht. Beide Hälften stehen miteinander im Austausch und sind im Gleichgewicht. Nicht nur das Weltbild der Yoruba, auch ihr Verständnis von Zeit ist zirkulär. In der Vorstellung der Yoruba wird ein Mensch geboren, lebt und stirbt, kann danach aber als Nachkomme eines Ahnen mütterlicher- oder väterlicherseits wiedergeboren beziehungsweise von bestimmten Gottheiten zurück auf die Erde geschickt werden.

Der göttliche Funke

Der mannigfaltige und variierende Mythenschatz der Yoruba hält auch eine Erklärung zur Vielfalt der Götterwelt und zur Verbreitung der göttlichen Essenz bereit:

«Am Anfang war Orisha, der Allmächtige. Orisha lebte allein in einer Hütte, die am Fuss eines grossen Felsen stand. Er hatte einen treuen Sklaven, der für ihn kochte und ihn versorgte. Orisha liebte diesen Sklaven, aber der Sklave hasste Orisha im Geheimen und entschloss sich, ihn zu zerstören. Eines Tages lauerte der Sklave Orisha auf. Er wartete auf ihn oben auf dem Felsen, und als er sah, dass Orisha von seinem Feld zurückgekehrt war, rollte er einen riesigen Stein auf die

Hütte. Orisha zerbrach in Hunderte Stücke, die auf der ganzen Welt verstreut wurden. Danach kam der erste Orakelpriester Orunmila und fragte sich, ob er nicht Orisha retten könne. Er wanderte in der ganzen Welt umher und sammelte die Stücke zusammen. Er fand viele – aber so sehr er sich auch anstrengte, er konnte nicht alle einsammeln.»[2]

Diese mythische Erzählung verdeutlicht, dass die verschiedenen Gottheiten der Yoruba nicht getrennt voneinander existieren, sondern einst Teil eines Ganzen, der obersten Gottheit Olodumare (in der Geschichte als Orisha bezeichnet), waren. Zugleich sind Fragmente dieser göttlichen Kraft in der gesamten Welt verteilt, also auch in Bäumen, Felsen oder Tieren anzutreffen. Ein gewisser Funke des göttlichen Wesens steckt somit in allen Dingen, auch in jedem Menschen.[3]

In anderen Versionen der Geschichte ist der Sklave durch die Trickster-Gottheit Eshu ersetzt→5. Damit ist die Zerstörung und Verbreitung der ursprünglichen Gotteinheit in der Welt nicht mehr bloss ein Zufall, sondern göttliche Fügung. Was wie Chaos aussieht, stellt sich als neue kosmische Ordnung heraus. Anstelle von Monotheismus ist die göttliche Essenz nun überall verstreut, Gott und die Welt sind untrennbar miteinander verwoben. Diese Weltsicht der Yoruba steht der christlichen Vorstellung entgegen, wonach Gott auf der einen und die Welt auf der anderen Seite steht.

Auch in der Kunst der Yoruba lassen sich diese kosmischen Konzepte der Fragmentierung, Gleichzeitigkeit und Gleichwertigkeit von unterschiedlichen Einheiten nachvollziehen. So wie es keine Hierarchie unter den Gottheiten gibt und alle 401 *orisha* integraler Teil des göttlichen Ganzen sind, dominiert auch in künstlerischen Artefakten kein Motiv die anderen. So sind die Schnitzereien auf Hauspfosten, Orakelschalen oder Haustüren→2 in verschiedene Segmente aufgeteilt; variierende Motive stehen gleichwertig nebeneinander. Solch multifokale Kompositionen verweisen sowohl auf die autonomen kosmischen Kräfte als auch auf wichtige Ereignisse aus der mythischen Vergangenheit. Mythen, Rituale, aber auch moralische Werte spiegeln sich in der visuellen Kultur der Yoruba wider.

Der trunkene Gott

Während bestimmte mythische Erzählungen die Göttervielfalt im Himmel zeigen, steht in einem anderen Mythenkorpus die Entstehung der Erde und der Menschen im Zentrum[4]: Am Anfang war nur der Himmel von den unzähligen Gottwesen bevölkert, darunter lag Wasser. Im Auftrag des Schöpfungsgottes stieg Obatala vom Himmel herab, um das Land zu erschaffen. Zu diesem Zweck hatte er eine Eisenkette, eine Schneckenschale mit Sand und einen Hahn dabei →6. An der Kette kletterte Obatala vom Himmel herab und verstreute den Sand auf der Wasseroberfläche. Der Hahn begann zu scharren, und überall dort, wo der Sand liegen blieb, bildete sich fruchtbare Erde. Auch andere *orisha* kamen auf die Erde und bevölkerten sie.

Dem Mythos zufolge entstanden die ersten Menschen, indem die Gottheit Obatala Tonfiguren formte und der Schöpfergott Olodumare ihnen Leben einhauchte. Olodumare erschuf auch die Sonne und den Mond. Jedoch verlief die Schöpfung – so die orale Tradition y – nicht so reibungslos wie gedacht:

«Die Sonne machte Obatala durstig und er trank fermentierten Saft des Palmbaumes. Der Palmwein machte ihn betrunken, und einige der menschlichen Figuren, die er in Folge formte, waren deformiert oder unvollständig. Einige Zeit später schlief er ein; als er wieder erwachte, sah er, was er getan hatte, und bedauerte, dass er solche Menschen in die Welt gebracht hatte. Er schwor, nie wieder Palmwein zu trinken, und wurde zum Schutzherr der Kinder

Im Gegensatz zum biblischen Gott sind die Gottheiten bei den Yoruba nicht perfekt oder vollkommen. Wie die Menschen sind *orisha* manchmal betrunken, haben Tugenden und Laster, sind stark und schwach, grosszügig und wütend, schöpferisch und furchterregend. Sie spiegeln die Welt so wider, wie sie ist. Jedoch übernehmen die Götter im Mythos für ihre Fehlbarkeit die Verantwortung und zeigen Toleranz und Respekt gegenüber allen Geschöpfen.

Diese Verpflichtung der Achtung sich selbst und anderen gegenüber zeigt sich auch bei der Konzeption des Ichs bei den Yoruba.[6] In der mythischen Vorstellung der Yoruba wird jeder Mensch vor seiner Geburt in den «Garten der Köpfe» geleitet, wo er sich einen eigenen Kopf, den inneren Kopf *(ori inu)*, als sein Schicksal aussuchen darf. Auf Erden besteht die Aufgabe des Menschen darin, die Gottheit für sich zu entdecken, die zu einem passt, und mit ihr in Einklang zu leben. In der Religion der Yoruba wird damit dem Individuum eine grosse Verantwortung für das eigene Schicksal zugestanden.

In der Kunst der Yoruba ist oftmals der Kopf betont und überproportional, weil er der Ort der spirituellen Essenz und Lebenskraft *(ase)* jedes Menschen ist. Gleichzeitig verbindet der Kopf die Menschen mit den übrigen Kräften des Kosmos und mit dem Jenseits. Dargestellt ist dies in einem mit Kaurischnecken bedeckten Ritualbehälter, genannt *ile ori*, «Haus des Kopfs». Der kleine Gegenstand *(ibori)* im Inneren symbolisiert die inneren Werte und die Einzigartigkeit eines jeden Individuums →4.

→1 Die Kalebasse symbolisiert den Kosmos als Kugel. Obere und untere Hälfte passen perfekt ineinander und bilden die Einheit der Welt in ihrer Dualität ab. | Nigeria, vor 1912

→ 2   Die Schnitzereien auf der Tür zeigen Priester und
Gottheiten mit Adorantinnen, die mit Opfergaben vor ihnen
knien, sowie Szenen aus der turbulenten Geschichte
der Yoruba wie Sklavenjagd, Kriege und Kolonisierung. |
Nigeria, Anfang 20. Jh.

→ 3   Die kosmische Ordnung der Welt bestimmt auch die
Gestaltung der Holzbretter und -deckel für das Ifa-Orakel.
Am oberen Teil ist das Gesicht von Eshu als Vermittler
zwischen den Welten abgebildet. | Nigeria, 19./20. Jh.

2

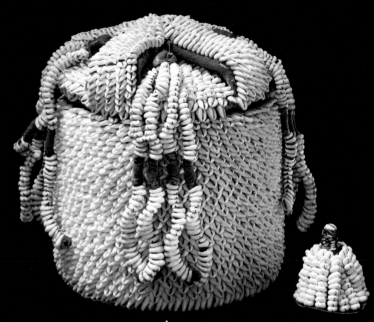

4

5

→ 4   Ritualbehälter «Haus des Kopfs» | Nigeria,
vor 1868

→ 5   In der Mitte dieser Orakelschale ist die
ambivalente Trickster-Gottheit Eshu abgebildet.
Eshu schafft aus Chaos Ordnung. | Nigeria,
Anfang 20. Jh.

→ 6   Schale für Kolanüsse | Nigeria, Anfang 20. Jh

6

Michaela Oberhofer

Der «blasse Fuchs» und die Verzauberung der Welt: Mythisierung der Dogon in Mali

Die Dogon in Mali gehören seit dem frühen 20. Jahrhundert zu den bekanntesten Kulturen Afrikas.[1] Besonders ihre kosmologischen Vorstellungen und die vielschichtigen Ursprungsmythen haben es Entdeckungsreisenden und Forschern angetan. Das Faszinosum Dogon ist dabei untrennbar mit dem französischen Ethnologen Marcel Griaule (1898–1956) verbunden→2. Seine Forschungen über die Kosmologie der Dogon begeistern bis heute nicht nur Wissenschaftler, sondern auch Künstler, Filmemacher und Touristen. Dass diese Erzählungen jedoch die westliche Interpretation einer afrikanischen Kultur darstellen und nicht die lokale Sicht auf die eigene Kultur widerspiegeln, ist nur wenigen bewusst. Doch worauf beruhte die Mythisierung der Dogon durch Marcel Griaule? Warum suchte er sich gerade die Dogon aus? Inwiefern beeinflussten zeitgeschichtliche westliche Strömungen (Surrealismus, Negrophilie, Kolonisierung) seine Sicht auf andere Kulturen?

Entdeckung

Obwohl es bereits vorher ethnografische Beschreibungen der Dogon gab, wurde ihre Kultur erst durch Marcel Griaule und der von ihm gegründeten Schule bekannt.[2] Im Jahr 1931 erreichte Griaule erstmals im Rahmen der legendären Mission Dakar-Djibouti das Dogon-Land. Die Teilnehmer der Expedition hatten zum Ziel, den Kontinent von Westen nach Osten zu durchqueren und dabei ein Maximum an ethnografischen Informationen, aber auch an Objekten zu sammeln. In der Presse wurde die «Entdeckung» der «geheimnisvollen» Dogon als spektakulärer Höhepunkt der Reise gefeiert.

Marcel Griaule kehrte zeitlebens ins Dogon-Land zurück und dokumentierte die materielle Kultur und das Maskenwesen der Dogon.[3] In Zusammenarbeit mit seinen Schlüsselinformanten erschuf er eine eigene Kosmogonie der Dogon. In den berühmten Gesprächen mit dem blinden Jäger Ogotemmêli liess sich Griaule in dessen komplexe Weltsicht einführen. Das spätere Werk *Le renard pâle* (1965) offenbart Griaules stark von Esoterik und Philosophie geprägte Sicht auf die Religion der Dogon. Die Verbundenheit zwischen dem Forscher und den Dogon war so eng, dass die Dogon nach seinem Tod eine Trauerfeier für ihn veranstalteten. Eine Puppe, die von den Dogon beerdigt wurde, symbolisierte seinen Leichnam; statt einer Hacke wie sonst üblich wurde für den Ethnologen am Ende der Feier ein Bleistift als Zeichen seiner Arbeit zerbrochen.

Verzauberung

Die Teilnehmer der Mission Dakar-Djibouti, wie Marcel Griaule, aber auch Michel Leiris, waren von der fremdartigen Kultur und Religion der Dogon verzaubert.[4] Diese Faszination für das geheimnisvolle Fremde entsprach dem damaligen Zeitgeist der künstlerischen und intellektuellen Avantgarde, insbesondere dem Surrealismus, von dem Griaule und Leiris beeinflusst waren. Bei den Dogon schien das Magische, Mythische, Unmittelbare wirklich zu sein. In 33 Tagen erklärte ihm Ogotemmêli seine persönliche Version des Ursprungsmythos mit dem Schöpfungsgott Amma, dem Fuchs, den Ahnenzwillingen Nommo und den ersten vier Menschenpaaren der Dogon→4:

«Nachdem Amma die Erde erschaffen hatte, wollte er mit seiner Gemahlin, der Erde, Geschlechtsverkehr haben. Aber die Erde war nicht beschnitten und unrein; der Termitenhügel, ihre Klitoris, wehrte sich dagegen. Amma beschnitt sie und zwang die Erde zum Sex [...]. Der Sprössling, der daraus hervorging, war kein menschliches Wesen, sondern der blasse Fuchs, Ogo Yurugu, der zu einem Geist des Unheils und der Unordnung in der Welt wurde, der aber auch als Erstgeborener das Wissen zur Divination besass.
Nach einer zweiten Vereinigung brachte die Erde die Nommo-Geistwesen hervor: schlangenähnliche Zwillinge und Wassergeister, die Fruchtbarkeit und Ordnung in die Welt brachten. [...] Nachdem der blasse Fuchs die Erde missbrauchte, entschied Amma sich für eine andere Schöpfungsmethode. Er formte die ersten acht menschlichen Ahnen aus Ton in der Gestalt von menschlichen Genitalien, die dann die Menschen erzeugten. So kamen die Dogon auf die Erde.»[5]

Marcel Griaule war der Ansicht, dass dieser Ursprungsmythos alle Facetten des Lebens der Dogon beeinflusse: von der Arbeit über die Architektur und Kunst bis hin zu den zwischenmenschlichen Beziehungen. Jedem noch so banalen Gegenstand und jeder noch so alltäglichen Tätigkeit schrieb er eine tiefer gehende symbolische Bedeutung zu →1.
In seinen späteren Arbeiten zu den Dogon spielten Theorien aus der westlichen Esoterik, Symbolik, Zahlenmystik, Philosophie, Astronomie und Astrologie eine immer grössere Rolle. So würden die Dogon beispielsweise ihren rituellen Kalender nach dem Stern Sirius und seinem lichtschwachen Begleiter Sirius B ausrichten.[6]

Entzauberung

Andere Forscher zeigten, dass weder der Ursprungsmythos noch der «blasse Fuchs» den zentralen Stellenwert im Leben der Dogon einnehmen, den ihnen Griaule zuschrieb.[7] Bisher ungeklärt blieb auch die Frage, woher die Dogon das Wissen über Sirius B haben sollten, der nicht mit blossen Augen, sondern nur mit modernen Messinstrumenten zu erkennen ist.[8] In Griaules Werk selbst lässt sich eine Entwicklung von der reinen Dokumentation hin zu einem von Surrealismus und Spiritualität geprägten Blick auf Kultur und Religion der Dogon beobachten. Seine Interpretationen von Mythen, aber auch Masken variieren dabei über die Zeit. So beschreibt Griaule die kanaga-Masken beispielsweise in seinem ersten Buch noch als Darstellungen einer bestimmten Vogelart →3. Später sieht er darin die Erschaffung der Welt durch Amma symbolisiert.[9]

Seit der postmodernen Wende in der Wissenschaft werden ethnologische Texte als subjektive Beschreibungen gelesen, in die bestimmte historische, kulturelle und politische Vorstellungen der eigenen Kultur einfliessen. Auch Griaules Schriften gelten heute eher als westliche Interpretationen einer afrikanischen Gesellschaft und sagen mehr über Identität und Krise der europäischen beziehungsweise französischen Avantgarde aus als über die Dogon selbst.[10]

Im von Kriegen und Krisen gebeutelten Europa stilisierte Marcel Griaule die Dogon als idealistisches Gegenbild der Moderne. Die künstlerische und intellektuelle Avantgarde, allen voran die Surrealisten, waren von afrikanischer Kunst (art nègre), Musik (Jazz) und Dichtung begeistert. Diese Negrophilie entsprang der Sehnsucht, der Begrenztheit und Verkrustung der eigenen Welt zu entfliehen. In ihrer als «einfach», «ursprünglich» und «traditionell» wahrgenommenen Lebensweise waren die von der europäischen Zivilisation zerstörten Ideale wie Glaube, Gemeinschaftssinn und Ausdruckskraft (vermeintlich) noch erhalten. Griaules Vision war es, bei einer afrikanischen Kultur wie der der Dogon ein philosophisches System aufzuspüren, das so reich und komplex wie das der Antike und damit dem europäischen Denken ebenbürtig sei. So vermutete er den Ursprung der Dogon im alten Ägypten, als Europa und Afrika noch verbunden waren. Das Werk von Marcel Griaule muss in diesem zeitgeschichtlichen Kontext gesehen werden; trotz aller Kritik ist sein grosser Verdienst jedoch, die Kultur und Kunst der Dogon über die Grenzen Afrikas hinweg bekannt gemacht zu haben.

→1   Zweiflügelige Speichertür mit 56 Figuren. Nach Auffassung von Griaule sollen solche Türen an den Ursprungsmythos der Dogon mit dem Zwillingspaar Nommo und den acht Ahnen erinnern | Mali, 19. Jh.

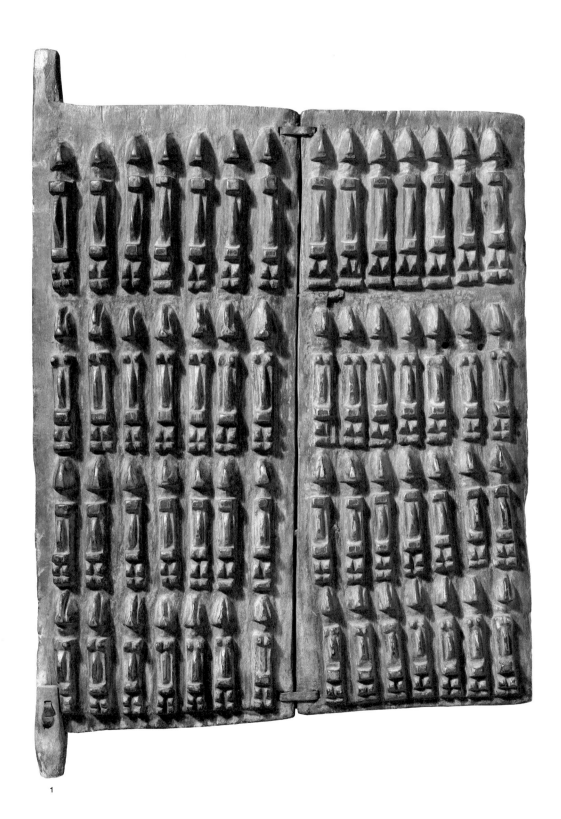

1

2

3

112

→ 2   Marcel Griaule beim Entwickeln
seiner Feldaufnahmen | Mali, 1931

→ 3   Zunächst als Darstellung einer
Vogelart beschrieben, interpretierte Griaule
diese Kanaga-Maske später als Symbol des
Ursprungsmythos der Dogon, der alle Bereiche
des Lebens beeinflusse. | Mali, 19./20. Jh.

→ 4   Zwillinge wie das erste Nommo-Paar
spielen in der von Griaule aufgezeichneten
Mythologie der Dogon eine zentrale Rolle. |
Mali, 18./19. Jh.

Peter Fux

Die Maya – göttliche Könige als Bewahrer der kosmischen Ordnung

Die frühen und oft kunstvoll illustrierten Berichte über im tropisch heissen Regenwald Mittelamerikas versunkene geheimnisvolle Tempelruinen der alten Maya (ca. 250–900 n. Chr.) stehen ganz im Geiste der Romantik des 19. Jahrhunderts. Bilder, auf denen die Natur die zerfallenen fremden Prunkbauten zurückeroberte, zogen die stimmungsbegeisterten Europäer und Nordamerikaner in ihren Bann→1.[1] Es gibt allerdings noch einen weiteren Umstand, der die Maya-Forschung schon früh zu einem unvergleichlichen Faszinosum machte: Auf den sorgfältig kolorierten Lithografien der ersten Reiseberichte sind Türstürze, Stelen, Altäre und andere Bauteile mit rätselhaften Zeichen zu sehen – Schriftzeichen, wie 1813 der Universalgelehrte Alexander von Humboldt vermutete.[2]

Eine untergegangene schriftführende Hochkultur mit riesigen Tempelbauten inmitten des tropischen Regenwaldes von Amerika, weitab von Eurasien? – Eine solch fantastische Story eröffnete einen ausgezeichneten Interpretationsraum. Mit dem Einsetzen der modernen Maya-Archäologie Ende des 19. Jahrhunderts nahm der packende Wissenschaftskrimi seinen Fortlauf; das illusorische Bild eines friedfertigen theokratischen Volks, das sich vorwiegend mit Tempelbau und dem Studium der Gestirne beschäftigte, musste überarbeitet werden. Ausgrabungsergebnisse und der sensationelle Durchbruch in der Entzifferung des komplizierten logosyllabischen Schriftsystems implizierten eine andere Vorstellung: Die Maya besassen offensichtlich eine höchst komplexe Kultur mit Städten, Märkten, höfischen Eliten und einem äusserst differenzierten Kalendersystem sowie kosmologischen Konzepten und Ursprungsmythen.[3]

Die Mythologie der alten Maya, deren Ursprünge offensichtlich in der Zeit zwischen 2000 v. Chr.und 250 n. Chr. liegen, erschliesst sich uns über die zahlreichen höchst kunstvollen Darstellungen auf Steinskulpturen, Wand- und Gefässmalereien sowie über mehrere Textfragmente. Von herausragender Schönheit und aufschlussreicher Bedeutung sind die Relieftafeln der sogenannten Kreuztempelgruppe von Palenque in Chiapas, Mexiko. Auf der zentralen Relieftafel des Kreuztempels (692 n. Chr.) ist in der Mitte, auf dem Himmelsband stehend, der kreuzartige kosmische

Baum dargestellt. Er wächst aus einem Opfergefäss und markiert das Zentrum des Himmels. Zuoberst sitzt Itzamnaaj, die wohl ursprünglichste Kreatur der Maya-Götterwelt. Aus Inschriften wissen wir, dass Itzamnaaj die Inthronisation des Ersten Vaters vorgenommen hatte, der rund acht Jahre vor der Schöpfung der gegenwärtigen Welt am 28. September 3113 v. Chr. und zwei Jahre vor der Geburt der Ersten Mutter geboren wurde. Links vom kos-mischen Baum ist K'inich Kan Balam II (reg. 684–702) als erblicher Nachkomme dargestellt; rechts ist derselbe zum Zeitpunkt der Inthronisation als Herrscher von Palenque zu sehen.

Noch eindringlicher ist die Kosmos-Herrscher-Verbindung auf der Grabplatte des K'inich Janaab' Pakal I (reg. 615–683) dargestellt: K'inich Janaab' Pakal I liegt in den Fängen der Unterwelt, über seinem Körper erhebt sich der den Himmel tragende kosmische Baum mit der doppelköpfigen himmlischen Schlange. Auf dem Wipfel sitzt wiederum Itzamnaaj→5.

Was den Ursprung der Welt betrifft, so kommt in den zahlreichen archäologischen Bildwerken dem Maisgott die Rolle des Erschaffers zu→2, 3. Offenbar brach die feurige Axt des Regengottes Chaak die Erde auf und machte, dass der Maisgott in Form eines kosmischen Baums aus der Unterwelt wiederauferstehen konnte, wo er zuvor von den Todesgöttern geköpft und sein Kopf an den Flaschenkürbisbaum gehängt worden war. Der grosse kosmische Baum hob den Himmel an, stützte ihn und schuf den Lebensraum. Doch nicht nur archäologische Bildwerke und Inschriftenfragmente geben einen Einblick in die Ursprungsmythologie der Maya. Von den K'iche'-Maya aus dem guatemaltekischen Hochland ist uns ein Buch überliefert, das Ende des 17. Jahrhunderts von einem Dominikanermönch übersetzt wurde: das *Popol Vuh*, das «Buch des Rates». Die Übereinstimmungen des darin geschilderten Gründungsmythos mit archäologischen Quellen sind bemerkenswert, und das *Popol Vuh* kann, vergleichbar mit der Bibel, als Kompilation alter Mythen verstanden werden. Es ist ein wunderbares Stück Weltliteratur.[4]

Der *Popol-Vuh*-Ursprungsmythos berichtet von mehreren Vorwelten, die von erfolglosen Kreaturen besiedelt waren. Eine Sintflut zerstörte die vorletzte Welt; auch danach fehlte es an Tag und Nacht, und der riesige Vogel Vukub Kaquix behauptete von sich, sowohl Sonne als auch Mond zu verkörpern. Hun Hunapu und sein Zwillingsbruder Vukub Hunapu waren gute Ballspieler. Doch im Spiel gegen die Todesgötter in der Unterwelt Xibalba verloren sie, worauf die Todesgötter Vukub Hunapu unter dem Ballspielplatz begruben und seinem Zwillingsbruder Hun Hunapu den Kopf abtrennten und ihn an den Flaschenkürbisbaum hängten. Als Xkik', die «Frau des Blutes» und Tochter eines Todesgottes, sich dem Baum näherte, spuckte der Kopf ihr in die Hand und schwängerte sie so. Die junge Frau flüchtete vor dem Zorn des Vaters, wurde auf der Erde von der Grossmutter der toten Zwillinge aufgenommen und gebar ihrerseits Zwillinge, die Helden Hunapu und Xbalanque – Söhne des Maisgottes. Diese töteten Vukub Kaquix und ermöglichten Tag und Nacht. Auch Hunapu und Xbalanque wuchsen wie ihr Vater zu hervorragenden Ballspielern heran, und die Götter von Xibalba luden auch sie in die Unterwelt zu einem Spiel ein. Den täglichen Ballspielen und nächtlichen Prüfungen konnten sie entgehen, aber nur mit einem Trick: Sie enthaupteten sich selbst, worauf sie sich aber wieder lebendig zu machen vermochten. Als die Götter sie baten, auch an ihnen die Wundertat der Wiederauferstehung zu vollbringen, töteten die Zwillinge die Götter. Das Leben gaben sie ihnen aber nicht mehr zurück. Als Haupthimmelskörper stiegen die Heldenzwillinge in den Himmel auf, und seither ist es ihre Bestimmung, als Sonne und Venus immer wieder und wieder nach Xibalba hinabzusteigen und daraus wieder hervorzugehen.

Der Maya-Schöpfungsmythos berichtet in unterschiedlichen Varianten vom Abstieg aussergewöhnlicher Wesen nach Xibalba und der Überwindung der Todesgötter. Die Opferung leitet ihren Wiederaufstieg als göttliche Könige ein. Und in der Tat rechtfertigten die Herrscher der Maya ihre Position durch Blutopfer, welche die Kontinuität der Welt gewährleisteten. Eine eindrückliche Blutopferszene ist auf dem Sturzrelief 24 von Yaxchilán im mexikanischen Bundesstaat Chiapas zu sehen, wo die Dame K'abal Xook sich eine dornenbesetzte Schnur durch die Zunge zieht, während ihr Mann

Itzamnaaj Balam, König von Yaxchilán zwischen 681 und 742, ihr mit einer Fackel Licht spendet.

Der Ballspielplatz war in den meisten Maya-Städten ein zentraler Ort des Tempelbezirks und markierte die Grenze zwischen der Lebenswelt und Xibalba → 1. Mit dem Ballspiel wurde der althergebrachte Kampf der Heldenzwillinge Hunapu und Xbalanque in die Gegenwart eingebettet, und das Opfer versicherte den ewigen Lauf der Welt – vom Kreislauf des in die Erde gesteckten Maiskorns zur Pflanze über die Bewahrung der dynastischen königlichen Folge bis hin zum immer wiederkehrenden Auf- und Abstieg von Sonne und Venus → 4. Die Gottkönige der klassischen Maya wahrten die kosmische Ordnung.

→ 1   Der Ballspielplatz im Vordergrund verbindet die Maya-Stadt Uxmal mit der Unterwelt. | Mexiko, Endklassik 9./10. Jh.

2

3

4

→ 2   Schale mit tanzendem Maisgott | Maya, Klassik, um 600–800 n. Chr.

→ 3   Trinkbecher mit dem König in der Tracht des Maisgotts. Die dargestellten Szenen spielen in einem Palast. Der König hat eine fliehende Stirn, eine spezifische Haartracht sowie Ohr-, Brust- und Handgelenkschmuck. | Maya, Klassik, um 300–900 n. Chr.

→ 4   Trinkbecher mit Ballspielszene. Vor einer Pyramide sind auf einem Ballspielplatz zwei Spieler mit ihrer Schutzkleidung und dem Kautschukball dargestellt. Die drei Datumszeichen (9 Ik', 11 Ik', und 6 Ik' 5 Chen) verweisen auf den 17. Juli 761. | Maya, Klassik, um 761 n. Chr.

→ 5   Grabplatte des Herrschers K'inich Janaab' Pakal, der in der Gestalt des jungen Maisgotts aus der Unterwelt wiederaufersteht. Über ihm wächst der den Himmel tragende kosmische Baum in die Höhe. | Palenque, «Tempel der Inschriften», 683 n. Chr.

Peter Fux

Des Raben List und die Kiste mit dem Licht an der Nordwestküste Nordamerikas

Die mächtigen Wälder und kalten, klaren Gewässer der Nordwestküste Nordamerikas waren den Menschen dort eine reiche Lebenswelt. Ihr Alltag war stark vom Rhythmus der Jahreszeiten geprägt, die Natur gab und nahm, war dem Menschen manchmal wohlgesinnt, manchmal unbarmherzig und eisig kalt. Bär und Mensch teilten sich die Fischgründe, keiner war dem anderen überlegen oder dem Göttlichen näher – Tier und Mensch lebten nebeneinander und forderten gegenseitig Tribut. Beseelt waren nicht nur der Mensch und die Tiere, sondern auch Pflanzen, Steine, Erde, Gewässer und Himmelskörper ebenso wie Naturerscheinungen. In der Wahrheitswelt der Völker der Nordwestküste Amerikas ist der Mensch nicht Herr auf Erden, es existieren weder Schöpfergottheiten noch Priester, Glaubenssätze, Kulte oder Tempel. Aber Geister gibt es.

Geister und weit von den Dörfern entfernt lebende übernatürliche Kreaturen treiben in dieser Gegend ihr Unwesen. Der Geist eines jeden Wesens ist unsterblich und verlässt den toten Körper, um später wiedergeboren zu werden. Zugang zu der Geisterwelt und ihren Kräften hat einzig der Schamane → 5. Zeichen haben ihn dazu berufen, und qualvolle, einsame Prüfungen haben ihm den Zugang zu diesem Reich der Geister verschafft. Verschiedene Tiere, deren Masken er besitzt, sind seine *yek*, sogenannte Geisthelfer. Die Erscheinung des Schamanen mit seinen Masken, Rasseln, Amuletten, seinem langen Haar und langen Zehen- und Fingernägeln bezeugt seine Verbundenheit mit der wilden Sphäre ausserhalb des Dorfes und mit den Geistern der Tiere. Der Schamane vermag aus den Fugen Geratenes wieder in Ordnung zu bringen.

Dass die Welt so ist, wie sie ist, dafür hat mit seiner List vor allem der Rabe Yehl gesorgt → 2. In den zahlreichen mündlich überlieferten Mythen des Volkes der Haida nehmen die Machenschaften des Raben einen bedeutenden Platz ein. Auch in der bildenden Kunst, insbesondere in der Holz- und Argillit-Schnitzerei, sind die Geschichten über den Raben ab der zweiten Hälfte des 19. Jahrhunderts ein prominentes Thema. Als die Sintflut Berge und Täler freigibt, nehmen die folgenreichen Abenteuer Yehls ihren Anfang. Der Rabe beginnt seine Wanderungen durch Chaos und Dunkelheit, nicht als göttliche Schöpfergestalt, sondern als listiger, manchmal flinker, manchmal tollpatschiger Geselle. Er begegnet auf seinem Weg Dingen, denen er neue Gestalt verleiht.[1]

Einsam wandert der Rabe zum Beispiel einen weiten Sandstrand entlang, als er plötzlich auf ein fremdartiges Geräusch aufmerksam wird. Unter seinen Füssen spürt er eine Muschel, aus der das Geräusch zu kommen scheint. Die Muschel öffnet sich, und ein Seufzen wird deutlich hörbar. Der Rabe wendet sich der Muschel zu und erblickt ein Gesicht mit runden Augen und Schlitzmund. Es ist das Gesicht des Menschen. «Komm raus!», ruft der Rabe. «Komm raus!» Ein weiteres Menschengesicht erscheint, zieht sich aber ängstlich wieder zurück. Dann lugen in einer Reihe viele winzige Menschenköpfe aus der Muschel, Männer, Frauen, Kinder. «Kommt heraus!», lockt der Rabe, und die Menschen steigen aus der Muschel und bevölkern die Inseln Haida Gwaii. Zufrieden schaut der Rabe den Menschen nach und singt ein neues Lied, glücklich über seine Tat, denn er hat soeben die ersten Menschen auf die Inseln gebracht → 3.

Yehl, der Rabe, hat vernommen, dass der Wolf auf einer entfernten Insel die einzige Süsswasserquelle der Welt in seinem Haus geheim hält. Alles andere Wasser ist salzig und ungeniessbar. Kurzerhand paddelt der Rabe im Kanu zur Insel und sucht den Wolf auf. Erschöpft bittet er um einen erfrischenden Trank. Der Wolf füllt für ihn einen Eimer mit Süsswasser und legt sich bald schlafen. Yehl trinkt und will sich mit dem gefüllten Eimer durch das Rauchloch im Dach auf die Flucht machen. Doch er bleibt stecken, und der Wolf wacht auf. Über den Fluchtversuch erzürnt, entfacht der Wolf mit grünen Zweigen ein Feuer. Yehl kann entwischen, doch ist sein Gefieder für immer geschwärzt. Auf seinem eiligen Flug durch die Lüfte verschüttet er immer wieder das Wasser im Eimer, sodass auf der Erde die Flüsse und Bäche mit frischem Süsswasser gefüllt werden.[2]

Als der Rabe einmal gerade bei den Bibern zu Besuch ist, verschwindet einer der Biber und kommt kurz darauf mit einem Lachs zurück. Sie machen ein Feuer, braten den Lachs und laden den Raben zum Essen ein. Tags darauf entdeckt der Rabe hinter einem Durchgang eine flache Landschaft mit Flüssen und

Seen voller Lachse. Kurzerhand rollt er die Szenerie zusammen und fliegt mit der Rolle davon. Als er über die vielen Inseln fliegt und Erschöpfung sich bemerkbar macht, fallen ihm immer wieder Fische aus der Rolle in die Gewässer der Inseln hinab. So kommt es, dass auf fast allen Inseln mit Fischen gefüllte Flüsse und Seen entstehen.[3]

Der Rabe hat nicht nur die Welt verändert und den Menschen den Lachs gegeben, er hat ihnen auch das Kunsthandwerk gebracht: Als er einmal die Küste entlangfliegt, erblickt er tief unten die Höhle des mächtigen übernatürlichen Herrschers Gonaqadet und wird von ihm eingeladen. Wunderbare Tänze mit prächtigen Decken, die die Frauen für Gonaqadet gewebt haben, werden aufgeführt. Nach der Zeremonie überreicht der Herrscher dem Raben seine Tanzdecke, damit er sie ins Dorf der Menschen bringe und die Frauen lernten, ebensolche Decken anzufertigen. Heute werden aus Bergziegenwolle, Zedernbast und weiteren Materialien kunstvolle Chilkat- und Rabenschwanzdecken hergestellt →6.[4]

Ohne die List des Raben gäbe es nicht einmal Licht in der Welt: Eines Tages erfährt der Rabe nämlich, dass der alte Mann, der allein mit seiner Tochter am Strand wohnt, eine geheimnisvolle Kiste in seinem Haus verborgen hält. Der Rabe möchte die Kiste in seinen Besitz nehmen und heckt einen Plan aus. Als die Tochter am Bach Wasser holen will, verwandelt er sich in eine Tannennadel und lässt sich in den Wassereimer treiben, worauf er von der trinkenden Frau verschluckt wird. Sie wird schwanger und gebärt einen merkwürdigen Sohn, der bald laut krähend nach der Kiste verlangt. Der Vater erbarmt sich seines Enkels und zeigt ihm die Kiste, in der sich wiederum eine unwesentlich kleinere Kiste befindet, darin unendlich viele kleinere und noch kleinere. In der kleinsten Kiste steckt ein Lichtball. Höchst entzückt greift der Junge nach ihm, verwandelt sich in den Raben und entfliegt. Vom Adler erschreckt, lässt er den Lichtball fallen, der auf dem steinigen Boden zerschellt. Ein grosses Bruchstück und Tausende kleine zerstreuen sich im Himmel und bilden Mond und Sterne. Nach langer Flucht lässt der Rabe erschöpft das letzte Bruchstück los, und seither erhellt am Himmel die Sonne die Welt →1,4.[5]

1

2

→ 1   Modell eines Hauspfostens bzw. Wappenpfahls.
Zuoberst sitzt der Bär, ganz unten der Biber. Der Rabe
sitzt auf der Frau, die einen Raben in den Armen
hält. Möglicherweise ist sie die Tochter, die die Kiste
mit dem Licht besass. | Haida, vor 1873

→ 2   Zeremonial-Kopfaufsatz mit Rabe; unterhalb des
Raben ist möglicherweise ein Frosch dargestellt. |
Tlingit, vor 1880

→ 3   Tabakpfeifenkopf. Der Rabe schaut in die Muschel, in der sich die ersten Menschen befinden, und lockt sie heraus, die Insel zu besiedeln. | Tlingit, vor 1872

→ 4   Die Rassel in Form eines Raben diente dem Schamanen bei seinen zeremoniellen Handlungen. Im Schnabel hält der listige Rabe möglicherweise die entwendete Sonne oder den Mond. | Tlingit oder Haida, 19. Jh.

→ 5   Der Verwendungszweck dieser kleinen Schamanenfigurine mit Maske ist nicht geklärt. Vielleicht befand sie sich im Besitz eines Schamanen. | Nordwestküste, vor 1872

3

4

5

5

→ 6　　Chilkat-Decke. Der Rabe hat den Menschen
die Webkunst gebracht. Es ist nicht klar, welches
Wesen auf dieser Decke dargestellt ist. Vielleicht ist
es ein abtauchender Wal? | Tlingit, Beginn 19. Jh.

Maia Nuku und Katharina Wilhelmina Haslwanter

Rubinrote Federn, Walzähne und schimmerndes Perlmutt: polynesische Kosmologie in Ritualobjekten

Wie archäologische Zeugnisse belegen, waren die pazifischen Gesellschaften bereits im 8. Jahrhundert durch Reisen und florierenden Handel zwischen den Inseln wie ein Netzwerk miteinander verbunden.[1] Von Westpolynesien ausgehend, erreichten Auswanderungsbewegungen zuerst Tahiti und die Austral-Inseln und setzten sich auf die nordöstlichen Archipele der Marquesas-Inseln fort. Noch heute existieren in diesem dynamisch und lebendig gebliebenen Teil Ozeaniens intensive Wechselbeziehungen zwischen den Inseln, jede von ihnen eingebunden in ein regionales Netzwerk von dynastischen und genealogischen Allianzen. Der australische Anthropologe und Historiker Nicholas Thomas plädiert für eine Vorstellung von der Region «nicht als einer kartografischen Abstraktion verstreuter Inseln, sondern eines Meeres voll von Orten, die eng durch Verkehrs- und Kolonialbeziehungen verbunden und darüber hinaus ein Schauplatz der Imagination waren».[2]

Kosmogonische Prinzipien liegen der physischen und rituellen Landschaft der gesamten Region zugrunde und kommen in einer Vielfalt einzigartiger, aus Stein oder Holz gearbeiteter Artefakte zum Ausdruck, die häufig mit seltenen und bedeutungsvollen Materialien wie Perlmutt, Schildpatt, Walzahn und -knochen, menschlichem Haar oder Federn versehen sind. Schöpfungsgeschichten in Tahiti schildern, wie der Gott Ta'aroa einst in der allumfassenden Dunkelheit der Anderswelt (te po) eingeschlossen war, dem Bereich der Nacht, der Ahnen und Götter. Von dort pickte er sich seinen Weg durch die Schalenkuppel, die ihn umgab, hob diese nach oben und formte daraus den Himmelsbaldachin. Darunter entstand eine Welt aus Raum und Licht, te ao genannt, die von den Menschen bevölkert wurde. Die Stützen oder to'o, (vgl. →1), mit denen Ta'aroa den Himmel von der Erde getrennt hielt, bildeten gleichzeitig eine direkte Verbindung zwischen diesen beiden komplementären Reichen und ermöglichten in Ritualen den Kontakt zwischen Menschen und Göttern. Ta'aroa streifte von seinem Körper Federn ab, die zu Bäumen und Pflanzen, zu den Flüssen, Bergen und Tälern Tahitis wurden.

Verkörperungen des Göttlichen

Die roten Federn des Rubinlori, einer kleinen Papageienart, waren in Tahiti wegen ihrer Verbindung zum Schöpfergott besonders begehrt. Sie waren aufgeladen mit der Kraft von te po, dem dunklen, von den Göttern und Ahnen bewohnten Reich. Somit waren sie nicht nur Repräsentationen oder Symbole für das Göttliche, sondern seine realen Verkörperungen. Weil die wertvollen roten Federn nur in geringen Mengen vorhanden waren, verwendeten die Bewohner der Marquesas-Inseln die roten Samen der Paternostererbse, um die mit der Farbe Rot assoziierten göttlichen Qualitäten zum Ausdruck zu bringen. Diese Samen wurden in prächtige rote Zierkragen eingearbeitet und machten Status und Göttlichkeit ranghoher Priester sichtbar →3. Leuchtkraft und Klänge waren weitere Hilfsmittel, um Götter bei Ritualen in das menschliche Reich des Lichts zu locken. An einigen Fliegenwedeln (tahiri) sind mit einer Kokosfaserschnur Perlmutt-Muschelstücke angebracht. Ihr Klang und Schimmer beim Bewegen des Objektes half dabei, den entsprechenden Rahmen für Rituale zu schaffen. Blitze oder der Schweif eines Kometen, der über den Himmel zog, zeigten die Ankunft der Götter an. Der helle Glanz von Perlmutt und Elfenbein war bedeutungsvoll, weil er auf jenen glückverheissenden Augenblick verwies, als Ta'aroa das Himmelsgewölbe anhob, um die Dunkelheit vom Licht zu trennen, und damit eine klare Grenze zwischen den beiden Bereichen herstellte.

Das wegen seiner Seltenheit begehrte Elfenbein des Pottwals war besonders wirkmächtig, denn Wale galten als Schatten beziehungsweise Verkörperungen Ta'aroas →2. Objekte aus Walzahn und -knochen waren daher nicht nur dekorativ, sondern galten – den Federn gleich – als Reliquien, die von der Wesenheit Ta'aroas durchdrungen waren. In ihrer Stabilität und Beständigkeit verkörperten sie seine greifbar und haltbar gemachte Essenz.

Polynesische Schutzstrategien

In seiner bedeutenden Abhandlung über Kosmologie und Rituale in Polynesien[3] betont der Sozialanthropologe Alfred Gelldie Immanenz des göttlichen Prinzips: «Dort, wo ein Gott in allem enthalten ist, wird die Notwendigkeit, die Dinge voneinander getrennt zu halten, unermesslich, denn nur diese Trennung bewahrt das Wesen.»[4] In seiner Annahme einer potenziell alles verschlingenden Dunkelheit des *te po* skizziert er den zentralen Aspekt von Ritualen in Polynesien: das *tapu*, ein komplexes und alles durchdringendes System, das dazu dient, die Rahmen und Trennungslinien in allen Bereichen des Lebens sowie des Todes aufrechtzuerhalten. Alfred Gell beschreibt zwei spezifische Strategien der Polynesier – Vervielfältigung *(multiplication)* und Umschliessung *(closure)* –, die zum Ziel haben, die Trennung zwischen den Bereichen zu sichern.

Die Strategie der Vervielfältigung ist in der Kunst der Bewohner der Marquesas-Inseln besonders augenfällig, beispielsweise in der Vielzahl von Figuren, welche aus den schweren Keulen aus Eisenholz (*u'u* genannt, vgl. →4) geradezu hervorquellen. Ihre Oberfläche ist bedeckt mit präzise geschnitzten Augenpaaren, Gesichtern und weiteren Motiven. Wachsam in alle Richtungen blickend, scheinen sie den Träger vor Angriffen und negativen Einflüssen zu schützen. Der Rücken, *tua* genannt, gilt als der verletzlichste Teil des menschlichen Körpers. Da er sich sogar vor dem Individuum selbst zu verbergen scheint, wird er mit dem unsichtbaren, unbekannten Reich *te po* in Verbindung gebracht. Wie andere gefährdete Stellen, beispielsweise Körperöffnungen, muss der Rücken bewacht und geschützt werden. Dies bezeugen Doppelfiguren (als Steinstatuen oder auf geschnitzten Griffen von Fliegenwedeln und Fächern), zwischen deren einander zugewandten Rücken ein schwer einzunehmender Raum entsteht.

Das Einhüllen von Objekten oder auch des menschlichen Körpers in Rindenbaststoff (vgl. →6) oder feine Matten – von Alfred Gell als Strategie des Umschliessens beschrieben – ist eine Möglichkeit, die göttliche Essenz innerhalb bestimmter Grenzen zu halten. Die in Polynesien weit verbreiteten *tatau* (Tätowierungen) können ebenfalls als ein effizientes Einwickeln des Körpers, nämlich in Bilder,[5] gesehen werden, welches den Abfluss des *mana,* der immanenten heiligen Kraft eines Menschen, verhindert.

Direkte Verbindungen zur Anderswelt

Das Binden, Umwickeln, Knüpfen und Flechten ermöglichte im Ritual die Überwindung der Trennung zwischen *te ao* und *te po*. In zahlreichen Gegenständen finden sich fein geflochtene Stränge aus Kokosnussfasern, menschlichem Haar und Federn, häufig in komplexen Mustern und zwei Farben angelegt, was auf die gegensätzlichen, sich jedoch ergänzenden Bereiche von *te po* und *te ao* verweist. Solche Objekte konnten durch Worte und Gesten aktiviert werden und somit eine dynamische Verbindung zwischen den beiden Reichen herstellen. Sie ermöglichten also die Überwindung räumlicher und zeitlicher Grenzen und verschafften den Menschen Zugang zum *mana* der Götter, damit diese sich dessen Potenzial nutzbar machen konnten. Fliegenwedel (*tahiri*, vgl. →5) und die Ritualobjekte *to'o* stützten durch ihre längliche, an Säulen erinnernde Form einerseits das Firmament, andererseits verbanden sie Himmel und Erde, Nacht und Tag, Vergangenheit und Gegenwart. Es war also gerade ihre Materialität, die eine Verbindung zur immateriellen oder (wie es die Europäer verstanden) spirituellen Welt herstellte.

Trotz ihrer herausragenden ästhetischen Qualität waren Prestigeobjekte nie lediglich Zier, sondern die polynesischen Oberhäupter und Priester nutzten diese, um ihre genealogischen Allianzen mit den Göttern auszudrücken und damit ihre Machtansprüche zu legitimieren. Eine eindrucksvolle und respekteinflössende Palette kosmologischer Prinzipien war in die Oberfläche dieser Gegenstände eingearbeitet. Geschaffen, um Wirksamkeit zu entfalten, waren diese Objekte zugleich ein Abbild des Kosmos im Kleinen. Sie waren Artefakte mit den Eigenschaften, einerseits Trennlinien aufrechtzuerhalten und andererseits Übergänge zu ermöglichen, vor allem zwischen der diesseitigen Welt des *te ao* und der Anderswelt des *te po*.

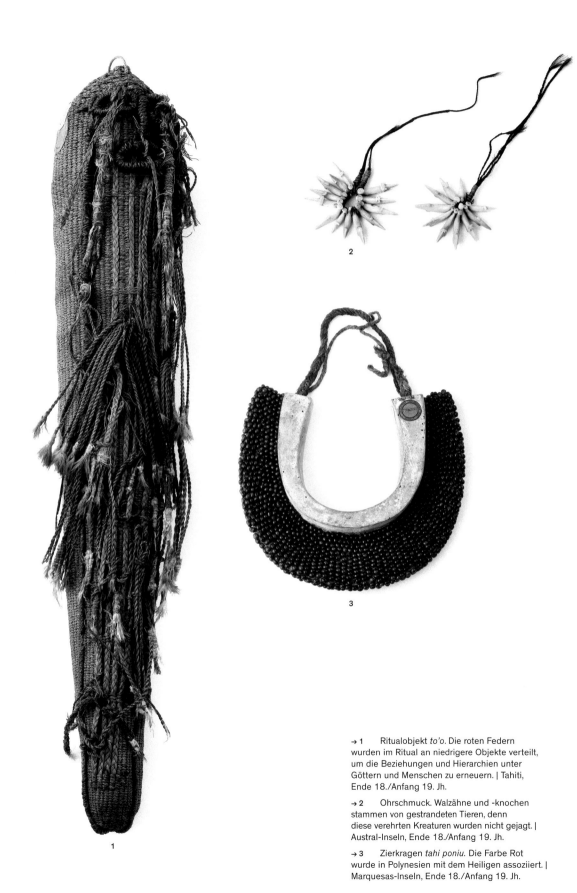

→ 1 Ritualobjekt *to'o*. Die roten Federn wurden im Ritual an niedrigere Objekte verteilt, um die Beziehungen und Hierarchien unter Göttern und Menschen zu erneuern. | Tahiti, Ende 18./Anfang 19. Jh.

→ 2 Ohrschmuck. Walzähne und -knochen stammen von gestrandeten Tieren, denn diese verehrten Kreaturen wurden nicht gejagt. | Austral-Inseln, Ende 18./Anfang 19. Jh.

→ 3 Zierkragen *tahi poniu*. Die Farbe Rot wurde in Polynesien mit dem Heiligen assoziiert. | Marquesas-Inseln, Ende 18./Anfang 19. Jh.

→ 4   Keule *u'u*. Das untere Augenpaar stellt Schildkröten dar; sie wurden in Polynesien wegen ihres Schutzpanzers verehrt. | Marquesas-Inseln, Ende 18./Anfang 19. Jh.

→ 5   In Ritualen wurden Fliegenwedel *(tahiri)* benutzt, um die göttliche Präsenz am Kultplatz zu erwirken. | Austral-Inseln, Ende 18./Anfang 19. Jh.

→ 6   Das Muster dieses Rindenbaststoffs scheint sich bei längerer Betrachtung zu bewegen. Es weckt Assoziationen zu Konzepten der polynesischen Kosmologie. | Südpazifik, 19. Jh.

4

5

Japanische Kosmologien
S. 16–21

Abbildungen

→ 1　Kosmologie des Buddhismus mit dem Berg
　　　Sumeru im Zentrum Yamagata Bantō,
　　　Yume no shiro («Anstelle von Träumen»), 1820
　　　Kansai University Library

→ 2　Kosmologie im *Sandaikō*
　　　Yamagata Bantō, *Yume no shiro*
　　　(«Anstelle von Träumen»), 1820
　　　Kansai University Library

→ 3　Der Kosmos ohne Götter
　　　Yamagata Bantō, *Yume no shiro*
　　　(«Anstelle von Träumen»), 1820
　　　Kansai University Library

Anmerkungen

[1]　Yamaguchi Yoshinori und Kōnoshi Takamitsu:
Kojiki, 1. Buch. Tokio 1997, S. 16f.

[2]　Kojima Noriyuki: Nihon shoki, 1. Buch Tokio 1994,
S. 18f.

[3]　Yamagata Bantō: Yume no shiro. In: Takamichi
Arisaka et al.: Tominaga Nakamoto. Yamagata Bantō.
Tokio 1973, S. 196.

Kosmologie im alten China
S. 22–27

Abbildungen

→ 1　Der Himmelsherrscher fährt im Sternbild
　　　des Grossen Wagens über den Himmel
　　　Abreibung von einem Reliefstein des Daches
　　　der Kammer 1 des Wuliang-Schreins
　　　Tusche auf Papier (Abreibung); 134 × 110 cm
　　　China, Provinz Shandong, 2. Jh. v. Chr.
　　　Museum Rietberg Zürich; RCH 4091
　　　Geschenk Hilde Flory-Fischer
　　　© Foto: Rainer Wolfsberger

→ 2　Sternenkarte aus der Enzyklopädie *Sancai tuhui*
　　　China, Ming-Dynastie, publ. 1609
　　　Nachdruck, Shanghai gujin chubanshe 1985
　　　© Foto: Rainer Wolfsberger

→ 3　Spiegel mit kosmologischem Dekor
　　　China, frühe Östliche Han-Dynastie, 1. Jh. n. Chr.
　　　Bronze; ø 14,4 cm
　　　Museum Rietberg Zürich; 2010.39
　　　Legat Charlotte Holliger-Hasler
　　　© Foto: Rainer Wolfsberger

Anmerkungen

[1]　Keightley, David N.: The Ancestral Landscape.
Time, Space and Community in Late Shang China
(ca. 1200–1045 B.C.). Berkeley 2000.

[2]　Pankenier, David W.: The Cosmo-political
Background of Heavens Mandate. In: Early China
20 (1995), S. 121–176. Siehe auch Pankenier,
David W.: Astrology and Cosmology in Early
China. Conforming Earth to Heaven.
Cambridge 2013.

[3]　Tseng, Lillian Lan-ying: Picturing Heaven in Early
China. Cambridge, Mass./London 2011, S. 310ff.

[4]　Ebd., S. 89–147.

[5]　Stephenson, F. Richard, J. B. Harles und
D. Woodard (Hrsg.): The History of Carthography,

Vol. 2. Chinese and Korean Star Maps and Catalogs.
Chicago 1994, S. 511–578.

[6]　Diese Einteilung geht mindestens bis ins frühe
1. Jt. v. Chr. zurück. Die früheste belegte Erwähnung
aller 28 Namen der *xiu* findet sich auf dem Deckel
einer Truhe aus dem Grab des Zeng Houyi aus dem
5. Jh. v. Chr. Vgl. Tseng: Picturing Heaven in Early
China, S. 252.

[7]　Needham, Joseph und Wang Ling. Science and
Civilisation in China, Bd. 3. Cambridge 1959,
S. 171–640.

Schöpfungsmythen der Ewenken
S. 28–31

Anmerkungen

[1]　Anisimov, Arkadi F.: Kosmologische Vorstellungen
der Völker Nordasiens. Hamburg 1991, S. 14–36.
Russisches Original: 1959.

[2]　Wang, Lizhen: *Ewenke zu shenhua yanjiu*
(«Forschungen zu den Mythen der Ewenken»).
Peking 2006.

[3]　Uray-Kőhalmi, Käthe: Die Mythologie der
mandschu-tungusischen Völker. In: Schmalzriedt,
Egidius und Hans Wilhelm Haussig (Hrsg.):
Götter und Mythen in Zentralasien und Nordeurasien.
Wörterbuch der Mythologie, Bd. VII., Teil 1.
Stuttgart 1991. S. 1–170, hier S. 125–127.

Kosmologien im Buddhismus
S. 32–41

Abbildungen

→ 1　Modell des Kalachakra-Kosmos
　　　3-D-Computerzeichnung des Autors und
　　　Peter Hasslers

→ 2　Der Abhidharmakosa-Kosmos
　　　Osttibet, 18. Jh.
　　　Stickerei auf Seide mit Applikationen;
　　　83,2 × 55 cm
　　　The Walters Art Museum, Baltimore,
　　　Maryland; 35.302
　　　Geschenk John und Berthe Ford

→ 3　Der Abhidharmakosa-Kosmos
　　　Tibet, 19. Jh.
　　　Hängerolle; Pigmente auf Stoff;
　　　92,5 × 60 cm
　　　Völkerkundemuseum der Universität Zürich;
　　　13560
　　　© Völkerkundemuseum der Universität Zürich,
　　　Foto: Kathrin Leuenberger

→ 4　Der Kalachakra-Kosmos
　　　Tibet, 19. Jh.
　　　Hängerolle; Pigmente auf Stoff; 183 × 132 cm
　　　Völkerkundemuseum der Universität Zürich;
　　　21199
　　　© Völkerkundemuseum der Universität Zürich,
　　　Foto: Kathrin Leuenberger

→ 5　Kosmologische Bildrolle (Ausschnitt):
　　　Korrelationen zwischen Mensch und Kosmos
　　　Tibet, 16. Jh.
　　　Pigmente auf Stoff; 48,3 × 200,6 cm
　　　Rubin Museum of Art; C2009.9

→ 6　Kosmologische Bildrolle (Ausschnitt):
　　　der Kalachakra-Kosmos
　　　Tibet, 16. Jh.

Pigmente auf Stoff; 48,3 × 200,6 cm
Rubin Museum of Art; C2009.9

→7 Kosmologische Bildrolle (Ausschnitt):
die Windbahnen im menschlichen Körper und
durch Kreise dargestellte Gelenke, die mit den
Tierkreiszeichen in Beziehung stehen
Tibet, 16. Jh.
Pigmente auf Stoff; 48,3 × 200,6 cm
Rubin Museum of Art; C2009.9

→8 Getreidekörner-Mandala
Tibet, 19. Jh.
Silber, teilweise vergoldet; H. 28 cm; Ø 16,5 cm
Völkerkundemuseum der Universität Zürich;
17408a-f
© Völkerkundemuseum der Universität Zürich,
Foto: Kathrin Leuenberger

→9 Stupa
Tibet, 13./14. Jh.
Bronze, teilweise feuervergoldet,
mit Türkisen verziert; 21 × 12,2 cm
Museum Rietberg Zürich,
Sammlung Berti Aschmann; BA 162
© Foto: Rainer Wolfsberger

→10 Kosmosopfer-Mandala
China, Qianlong-Periode (1736–1796)
Bronze, vergoldet; 37,5 × 35,1 cm
Paris, Musée Guimet–Musée national des arts
asiatiques; EG 632
© RMN-Grand Palais (Musée Guimet, Paris),
Foto: Thierry Olivier

→11 Kosmologische Bildrolle (Ausschnitt):
die zwölf Windbahnen, auf denen die Sonne
um den Berg Meru kreist
Tibet, 16. Jh.
Pigmente auf Stoff; 48,3 × 200,6 cm
Rubin Museum of Art; C2009.9

Weiterführende Literatur

Brauen, Martin: Das Mandala. Der Heilige Kreis im
tantrischen Buddhismus. Köln 1992.

Sadakata, Akira: Buddhist Cosmology–Philosophy
and Origins. Tokio 1997.

Kosmogonien im Hinduismus
S. 42–49

Abbildungen

→1 Relief mit den neun Gestirnen
Unbekannte Werkstatt
Indien, Rajasthan, vermutlich 19. Jh.
Sandstein; 28 × 49 cm
Museum Rietberg Zürich; RVI 311
© Foto: Rainer Wolfsberger

→2 Vishnu ruht auf der Sesha-Schlange
Meister am Hof von Mankot, evtl. Meju,
zugeschrieben
Indien, Pahari-Gebiet, Mankot, 1700–1725
Pigmente mit Gold auf Papier; 25 × 19,5 cm
Museum Rietberg Zürich; REF 7
Dauerleihgabe Sammlung Barbara und
Eberhard Fischer
© Foto: Rainer Wolfsberger

→3 Der Dämon Rahu
Unbekannter Künstler
Indien, Pahari-Region,
Mankot/Bandralta, um 1700
Pigmente auf Papier; 13 × 9 cm
Museum Rietberg Zürich; RVI 1779

Geschenk Alice Boner
© Foto: Rainer Wolfsberger

→4 Vishnu mit einem Muschelhorn
Unbekannte Werkstatt
Indien, Tamil Nadu, Chola-Dynastie, 11. Jh.
Granit; 133 × 60 cm
Museum Rietberg Zürich; RVI 223
© Foto: Rainer Wolfsberger

→5 Der Sonnengott Surya
Unbekannte Werkstatt
Indien, Tamil Nadu, Chola-Dynastie, 12. Jh.
Granit; 99 × 34 cm
Museum Rietberg Zürich; RVI 227
Geschenk Mary Mantel-Hess
© Foto: Rainer Wolfsberger

→6 Gott Brahma
Unbekannte Werkstatt
Indien, südliches Rajasthan oder
nördliches Gujarat, 14. Jh.
Marmor; 115 × 50,5 cm
Museum Rietberg Zürich; RVI 304
Geschenk Eduard von der Heydt
© Foto: Rainer Wolfsberger

→7 Vishvarupa: Krishna in seiner kosmischen Form
Unbekannter Künstler
Indien, Kaschmir, 1875–1900
Pigmente auf Papier; 27 × 16 cm
Museum Rietberg Zürich; RVI 1459
Geschenk Alice Boner
© Foto: Rainer Wolfsberger

→8 Purusha-Mandala
Maler am Hof des Maharana
Jagat Singh II. von Mewar
Indien, Rajasthan, Udaipur, 1730–1740
Pigmente auf Baumwolle; 296 × 256 cm
Museum Rietberg Zürich; 2007.176
Geschenk durch Vermittlung von Novartis
© Foto: Rainer Wolfsberger

Anmerkungen

[1] Michaels, Axel: Der Hinduismus. Geschichte
und Gegenwart. München 1998, S. 313–326.

[2] Namhafte Wissenschaftler sprechen sogar
von mehreren Hinduismen bzw. stellen einen
einheitlichen Oberbegriff radikal in Frage. Siehe u.a.
Knott, Kim: Der Hinduismus. Stuttgart 2000, S. 152.

[3] Michaels: Der Hinduismus, S. 37f.

[4] Siehe dazu u.a. Kaiser, Thomas: Bildrollen,
Dauer und Wandel einer indischen Volkskunst.
Zürich/Stuttgart 2012, S. 88–123.

[5] Michaels: Der Hinduismus, S. 314–317.

[6] Ebd., S. 326–330.

[7] Mylius, Klaus: Älteste indische Dichtung
und Prosa. Leipzig 1981, S. 79.

[8] Mehlig, Johannes: Weisheit des alten Indien. Bd. 1,
Leipzig 1987, S. 53f.

[9] Siehe hierzu Doniger O'Flaherty, Wendy:
Hindu-Mythen. Die wichtigsten klassischen Texte.
Darmstadt 2009, S. 20.

[10] Ebd., S. 19–26.

[11] Michaels: Der Hinduismus, S. 327.

[12] Eine exzellente Einführung in Mythen und Kunst
des späteren Hinduismus boten die beiden Ausstellungen «In the Image of Man» (London, 1982) und

«Corps de l'Inde» (Brüssel, 2014). Siehe George Mitchell (Hrsg.): In the Image of Man. The Indian Perception of the Universe through 2000 Years of Painting and Sculpture (Ausstellungskatalog). London 1982, und Naman P. Ahuja (Hrsg.): Corps de l'Inde (Ausstellungskatalog). Anvers 2013.

[13] Ein Zyklus dauert einen Tag im Leben des Gottes Brahma, entspricht also etwa vier Millionen Menschenjahren. Das Ganze wiederholt sich tausendfach, was einem Zeitraum von 40 Milliarden Menschenjahren entspricht. Siehe Michaels: Der Hinduismus, S. 333–335.

[14] Axel Michaels sieht in diesem «identifikatorischen Habitus» eines der Wesensmerkmale des Hinduismus. Siehe Michaels: Der Hinduismus, S. 357f. und S. 374–377.

Kosmologische Vorstellungen im Jainismus
S. 50–55

Abbildungen

→ 1 Kosmischer Mensch *(lokapurusha)*
Indien, Rajasthan, Sirohi / Ajmer, datiert 1884
Pigmente auf Stoff; 230 × 140 cm
Linden-Museum Stuttgart; SA 38150
© Linden-Museum Stuttgart, Foto: A. Dreyer

→ 2 Der Weltenberg Meru
Folio 10r aus einem *Samghayanarayana*-Manuskript
Indien, Rajasthan, frühes 17. Jh.
Pigmente und Gold auf Papier; 25,4 × 11,1 cm
Navin Kumar Collection, New York
© Foto: Bruce White / Rubin Museum of Art

→ 3 Zwei Folios aus einem Manuskript mit Höllendarstellungen
Indien, Rajasthan oder Gujarat, 19. Jh.
Pigmente auf Papier; 11,9 × 27,1 cm
Museum Rietberg Zürich; 2014.157b/c
Geschenk Eberhard Fischer
© Foto: Rainer Wolfsberger

→ 4 Darstellung der Zweieinhalb Kontinente *(adhaidvipa)*
Indien, Rajasthan oder Gujarat, 17. Jh.
Pigmente auf Stoff; 96,8 × 98,1 cm
Navin Kumar Collection, New York
© Foto: Bruce White / Rubin Museum of Art

Anmerkungen

[1] John Cort spricht angesichts der Wahrnehmung des Kosmos durch einen Gläubigen von einem ästhetischen und spirituellen Schock. Vgl. Cort, John E.: The Cosmic Man and the Human Condition. In: Granoff, Phyllis (Hrsg.): Victorious Ones. Jain Images of Perfection. New York 2009, S. 44f.

[2] Die Dimensionen des Kosmos sind hier im Detail aufgelistet: Kirfel, Willibald: Die Kosmographie der Inder: nach Quellen dargestellt. Hildesheim 1967, S. 208–326. Im 16. und 17. Jh. entstanden umfassende Texte zur Kosmologie, vgl. Granoff (Hrsg.): Victorious Ones, S. 52.

[3] Caillat, Collette: The Jain Cosmology. Basel / Paris / Neu-Delhi 1981, S. 20. Zu kosmologischen Aspekten der Sakralarchitektur und des Ritualwesens des Jains siehe Hegewald, Julia A. B.: Images of the Cosmos: Sacred and Ritual Space in Jaina Temple Architecture in India.

In: Ragavan, Deena (Hrsg.): Heaven on Earth: Temples, Ritual, and Cosmic Symbolism in the Ancient World. Chicago 2013, S. 55–88.

[4] Die Stiftungsaufschrift auf Abb. 1 stellt die drei dargestellten Welten mit der Verkörperung Mahaviras, dem Begründer des Jainismus, in Verbindung. Shridhar Andhare (Katalogeintrag 103) in Pal, Pratapaditya (Hrsg.): The Peaceful Liberators. Jain Art from India. Los Angeles / London 1994, S. 231–233 und S. 261.

[5] Cort, John E.: Jains in the World: Religious Values and Ideology in India. New Delhi 2001, S. 20.

[6] Granoff (Hrsg.): Victorious Ones, S. 55–59.

Kosmologie in der islamischen Welt
S. 56–61

Abbildungen

→ 1 Arabische Übersetzung des *Almagest* von Ptolemäus *(Al-Majisti)*
Spanien, Saragossa, datiert 1381
Schwarze und rote Tinte auf Papier; 28 × 21,5 cm
The Lawrence J. Schoenberg Collection of Manuscripts, Philadelphia; LJS 268

→ 2 Kommentar zur *Tadhkira* von Nasir ad-Din at-Tusi *(Sharh at-Tadhkira)*
Von ʿAli ibn Muʿammad al-Jurjani (1339–1413)
Iran, 17. Jh.
Schwarze und rote Tinte auf Papier; 22,6 × 13,8 cm
Staatsbibliothek Berlin; Sprenger 1844

→ 3 Planisphärisches Astrolabium
Von Muhammad ibn ʿAbdallah (bekannt als Nastulus)
Iran, 9./10. Jh.
Kupferlegierung; ø 8,5 cm
Sammlung David King, London

→ 4 Himmelsglobus
Pakistan, Lahore, Ende 16./Anfang 17. Jh.
Kupferlegierung und Silber; ø 20 cm
Bernisches Historisches Museum, Bern; 1914.610.174
© Foto: Yvonne Hurni

→ 5 Buch der Bilder der Fixsterne *(Kitab Suwar al-kawakib at-tabita)*
Von ʿAbd ar-Rahman as-Sufi
Irak, Mossul, 1233
Schwarze und rote Tinte sowie Gold auf Papier; 34 × 24 cm
Staatsbibliothek Berlin; Landberg 71

Anmerkungen

[1] Sezgin, Fuat: Geschichte des arabischen Schrifttums, Bd. 6. Leiden 1967–2010, S. 116–121.

[2] Rozenfeld, Boris Abramovič et al.: Mathematicians, Astronomers, and Other Scholars of Islamic Civilization and Their Works (7th–19th c.). Istanbul 2003, S. 211–219.

[3] Rashed, Roshdi (Hrsg.): Encyclopedia of the History of Arabic Science, Bd. 1. London 1996, S., 188.

[4] Sezgin, Fuat: Geschichte des arabischen Schrifttums, Bd. 10.1, S. 80–129, und Bd. 13, S. 237–239.

5   Rudolph, Ulrich (Hrsg.): Die Philosophie in der islamischen Welt, Bd. 1: 8.–10. Jahrhundert. Basel 2012, S. 76–78 und S. 92–147.

6   Heinen, Anton M.: Islamic Cosmology. Beirut 1982, S. 24–34.

7   Rashed, Roshdi (Hrsg.): Encyclopedia of the History of Arabic Science, Bd. 1, S. 74–82.

8   Ebd., S. 68–70, 73, 93–95.

9   Ragep, F. Jamil: Freeing Astronomy from Philosophy: An Aspect of Islamic Influence on Science. In: Osiris, 2. Serie, Bd. 16 (2001), S. 49–71, hier S. 62.

10   King, David A.: In Synchrony with the Heavens. Studies in Astronomical Timekeeping and Instrumentation in Medieval Islamic Civilization, Bd. 2. Leiden 2004–2005, S. 337–612.

11   Savage-Smith, Emilie: Islamicate Celestial Globes. Washington 1985.

12   Sezgin, Fuat: Geschichte des arabischen Schrifttums, Bd. 6, S. 212–215.

13   Dalen, Benno van: A Non-Ptolemaic Islamic Star Table in Chinese. In: Folkerts, Menso und Richard Lorch (Hrsg.): Sic itur ad astra. Studien zur Geschichte der Mathematik und Naturwissenschaften. Wiesbaden 2000; Kusuba, Takanori et al.: Arabic Astronomy in Sanskrit. Al-Birjandi on Tadhkira II, chapter 11 and its Sanskrit translation. Leiden 2002.

14   Morrison, Robert: A Scholarly Intermediary between the Ottoman Empire and Renaissance Europe. In: Isis 105 (2014), S. 32–57, hier S. 33. Ablehnend, aber ohne Berücksichtigung der neuen Ergebnisse von Morrison: Blåsjö, Viktor: A Critique of the Arguments for Maragha Influence on Copernicus. In: Journal for the History of Astronomy 45 (2014), S. 183–195.

Kosmologische Vorstellungen im alten Mesopotamien
S. 62–67

Abbildungen

→ 1   Rollsiegel mit mythologischer Kampfszene (Ninurta gegen Bašmu) Assyrien, Fundkontext unbekannt, neuassyrische Zeit (900–700 v. Chr.) Serpentin; 32,2 × 15,3 mm Sammlungen Bibel+Orient, Freiburg; VR 1981.103 © Foto: Stiftung Bibel+Orient

→ 2   Rollsiegel mit einer Ritualszene am Heiligen Baum, darüber himmlische Gottheiten Assyrien, Fundkontext unbekannt, spätassyrische Zeit (700–610 v. Chr.) Quarz; 18,5 × 12,3 mm Sammlungen Bibel+Orient, Freiburg; VR 1981.111 © Foto: Stiftung Bibel+Orient

→ 3   Rollsiegel mit der Darstellung einer Vegetationsgöttin Elam (westlicher Iran), genauer Fundort unbekannt, Akkad-Zeit (2340–2193 v. Chr.) Marmor; 40 × 25 mm Sammlungen Bibel+Orient, Freiburg; VR 1999.1 © Foto: Stiftung Bibel+Orient

→ 4   Rollsiegel mit einer Ritualszene am Heiligen Baum Assyrien, Fundkontext unbekannt, neuassyrische Zeit (Ende 9. Jh. v. Chr.) Halbopal; 45 × 17,6 mm Sammlungen Bibel+Orient, Freiburg; VR 1981.112 © Foto: Stiftung Bibel+Orient

→ 5   Rollsiegel mit Darstellung des Sturm- und Wettergottes mit der Regengöttin Elam (westlicher Iran), genauer Fundort unbekannt, Hochstufe Akkad-Zeit (2260–2193 v. Chr.) Serpentin; 24,5 × 14 mm Sammlungen Bibel+Orient, Freiburg; VR 1992.1 © Foto: Stiftung Bibel+Orient

→ 6   Stele aus dem Tempel der Göttin Ninhursaga Syrien, Mari, frühes 3. Jt. v. Chr. Gipsalabaster und Bitumen; 35,7 × 18,5 × 1,8 cm Dēr ez-Zōr, Archäologisches Museum; 19088 (vor dem Bürgerkrieg) Aus: Fortin, Michel: Syrie – Terre de Civilizations. Quebec 1999, cat. 295 © Foto: Jacques Lessard

Kosmosvorstellungen im alten Ägypten
S. 68–75

Abbildungen

→ 1   Pektoral des Pa-nehesi Ägypten, Neues Reich, 20. Dynastie, 1186–1070 v. Chr. Fayence, Glas; 10,6 × 10,2 × 2,6 cm Ägyptisches Museum und Papyrussammlung, Berlin; ÄM 1984 © SMB — Ägyptisches Museum und Papyrussammlung, Foto: Sandra Steiss

→ 2   Pyramidion des Ptah-mose Ägypten, Saqqara, Neues Reich, 18. Dynastie, 1388–1351/50 v. Chr. Basalt; 39,5 × 43 × 41 cm Ägyptisches Museum und Papyrussammlung, Berlin; ÄM 2276 © SMB — Ägyptisches Museum und Papyrussammlung, Foto: Sandra Steiss

→ 3   Der Aufgang der Sonne Vignette zum Spruch 15 aus dem Totenbuch der Ta-remetsch-en-Bastet Ägypten, frühptolemäische Zeit, 320–306 v. Chr. Papyrus, Farbpigmente; 36,3 × 417,5 cm (ganzer Papyrus) Ägyptisches Museum und Papyrussammlung, Berlin; P.3058 © SPK; SMB — Ägyptisches Museum und Papyrussammlung

→ 4   Das Totengericht Vignette aus dem Totenbuch der Ta-remetsch-en-Bastet Ägypten, frühptolemäische Zeit, 320–306 v. Chr. Papyrus, Farbpigmente; 36,3 × 417,5 cm (ganzer Papyrus) Ägyptisches Museum und Papyrussammlung, Berlin; P.3058 © SPK; SMB — Ägyptisches Museum und Papyrussammlung

→5 Mumienauflage in Form eines geflügelten
    Skarabäus
    Ägypten, 4.–2. Jh. v. Chr.
    Kartonage, bemalt; 6,5 × 23,5 × 2 cm
    Ägyptisches Museum und Papyrussammlung,
    Berlin; ÄM 16807
    © SPK; SMB — Ägyptisches Museum und
    Papyrussammlung, Foto: Andreas Paasch

→6 Die zwölfte Stunde der Nacht aus dem Amduat
    Ägypten, Neues Reich, um 1550–1070 v. Chr.
    Papyrus, Farbpigmente; 24,5 × 97 cm
    Ägyptisches Museum und Papyrussammlung,
    Berlin; P.3130
    © SPK; SMB — Ägyptisches Museum und
    Papyrussammlung

Weiterführende Literatur

Assmann, Jan: Ägypten–Theologie und Frömmigkeit
einer frühen Hochkultur. 2. Aufl. Köln 1991.

Regine Schulz et al. (Hrsg.): Ägypten. Die Welt der
Pharaonen. Köln 1997.

Hornung, Erik: Das Totenbuch der Ägypter. 2. Aufl.
Düsseldorf 2000.

Hornung, Erik: Der Eine und die Vielen: altägyptische
Götterwelt. 6. vollst. überarb. und erw. Aufl.
Darmstadt 2005.

Kosmologie von Platon bis zur kopernikanischen Wende
S. 76–85

Abbildungen

→1 Umzeichnung von Harry Nussbaumer vgl. S. 79

→2 Astrologie als Bestandteil der Kosmologie
    Codex Schürstab, Nürnberg, um 1472
    © Zentralbibliothek Zürich, Handschriftenabteilung

→3 Das platonisch-aristotelische Weltbild
    Andreas Cellarius, *Harmonia
    Macrocosmica,* 1661
    © Zentralbibliothek Zürich

→4 Kopernikus' heliozentrisches Weltbild
    Nikolaus Kopernikus, *Torinensis de
    revolutionibus orbium coelestium,* 1543
    © ETH-Bibliothek Zürich, Kartensammlung

→5 Das mittelalterliche Weltbild
    Hartmann Schedel, *Liber chronicarum*
    (Schedelsche Weltchronik), 1493
    © Zentralbibliothek Zürich, AW 46

→6 Das Universum nach Tycho Brahe
    Andreas Cellarius, *Harmonia Macro-
    cosmica,* 1661
    © Zentralbibliothek Zürich, Kartensammlung

→7 Der Mond besitzt Berge und Täler
    Galileo Galilei, *Sidereus nuncius,* 1610
    © INAF-Osservatorio Astronomico di Brera

→8 Neue Astronomie: Keplers Gesetze
    der Planetenbewegung
    Johannes Kepler, *Astronomia nova,* 1609
    © ETH-Bibliothek Zürich

→9 Das Weltgeheimnis
    Johannes Kepler, *Mysterium cosmo-
    graphicum,* 1596
    © ETH-Bibliothek Zürich

Kosmologie auf dem Weg zum expandierenden Universum
S. 86–93

Abbildungen

→1 Visualisierung der kosmischen
    Hintergrundstrahlung
    © NASA/WMAP

→2 Räumliche Verteilung der Galaxien
    im Universum
    © Two Micron All Sky Survey (2MASS)

→3 René Descartes, *Principia philosophiae,* 1644
    © ETH-Bibliothek Zürich

→4 Die Milchstrasse ist eine Spiralgalaxie
    © Robert Hurt (SSC), NASA, JPL-Caltech

→5 Galaxie im Sternbild Andromeda (M31)
    © Lorenzo Comolli

→6 William Herschel, *On the Construction of the
    Heavens,* 1785
    © Philosophical Transactions of the Royal
    Society of London

Das Weltbild der Germanen
S. 94–99

Abbildungen

→1 Kultscheibe
    Nördliches Zentraleuropa, 6. Jh. v. Chr.
    Kupferlegierung, gegossen; 12,6 × 10,2 cm
    Privatsammlung
    © Foto: Rainer Wolfsberger

→2 Gewandspange: Wodans Atem
    im Himmel und auf Erden
    England, Norfolk, 6. Jh.
    Kupferlegierung, gegossen, kerbschnittverziert
    und vergoldet; 14 × 7,6 cm
    Privatsammlung
    © Foto: Rainer Wolfsberger

→3 Brosche mit einem «Viergötter-Mandala»
    England, 5./6. Jh.
    Kupferlegierung, gegossen, kerbschnittverziert
    und vergoldet; ø 5,9 cm
    Privatsammlung
    © Foto: Rainer Wolfsberger

→4 Brosche mit einem «Sechsgötter-Mandala»
    England, Norfolk, 6. Jh.
    Kupferlegierung, gepresst und vergoldet; ø 6 cm
    Privatsammlung
    © Foto: Rainer Wolfsberger

→5 Goldmünze
    England, Kent; Belgien, 1. Jh. v. Chr.
    Gold-Kupferlegierung, geprägt; ø12 mm
    Privatsammlung
    © Foto: Rainer Wolfsberger

→6 Gewandspange
    England, Ludford, 6. Jh.
    Kupferlegierung, gegossen, kerbschnittverziert
    und vergoldet; 13,7 × 6,3 cm
    Privatsammlung
    © Foto: Rainer Wolfsberger

Weiterführende Literatur

Krause, Arnulf: Die Götterlieder der älteren Edda.
Stuttgart 2006.

Krause, Arnulf: Die Edda des Snorri Sturluson. Stuttgart 1997.

Simek, Rudolf: Lexikon der germanischen Mythologie. Stuttgart 2006.

Speidel, Markus: Wodans Weg auf der Weltensäule. In: helvetia archaeologica 178/179 (2014), S. 50–109.

Weltbild und Pantheon der Yoruba in Nigeria
S. 100–107

Abbildungen

→1 Beschnitzte Kalebasse mit Deckel
Unbekannter Künstler
Nigeria, Yoruba-Region, vor 1912
Kalebasse; H. 24 cm, ø 23 cm
Staatliche Kunstsammlungen Dresden,
GRASSI Museum für Völkerkunde zu Leipzig,
Staatliche Kunstsammlungen Dresden;
MAf 22729 a/b
© Foto: Erhard Schwerin

→2 Türstück mit Reliefschnitzereien
Areogun von Osi-Ilurin
Nigeria, Ekiti-Region, Anfang 20. Jh.
Holz; 180 × 54 cm
Museum Rietberg Zürich; 2009.1218
© Foto: Rainer Wolfsberger

→3 Orakeldeckel *(opon ifa)*
Unbekannter Künstler
Nigeria, Owo-Region, Yoruba, 19./20. Jh.
Holz; ø 45 cm
Museum Rietberg Zürich; 2005.1
Geschenk Novartis
© Foto: Rainer Wolfsberger

→4 Ritualbehälter «Haus des Kopfs» *(ile ori)*
Nigeria, Abeokuta-Region, Yoruba, vor 1868
Holz, Leder, Textil, Kaurischnecken; 27 × 24 cm
Museum Rietberg Zürich; RAF 670
© Foto: Rainer Wolfsberger

→5 Orakelschale *(opon igede ifa)*
Areogun von Osi-Ilurin
Nigeria, Ekiti-Region, Anfang 20. Jh.
Holz mit Russpatina; 58 × 47,5 cm
Museum Rietberg Zürich; 2008.189
Geschenk Rietberg-Kreis
© Foto: Rainer Wolfsberger

→6 Schale für Kolanüsse
Nigeria, Yoruba-Werkstatt der Region um Osi-Ilurin, Anfang 20. Jh.
Holz; 39 × 50 cm
Museum Rietberg Zürich; 2010.58
Geschenk Rietberg-Kreis
© Foto: Rainer Wolfsberger

Anmerkungen

[1] Vgl. Drewal, Henry John, John Ill Perberton und Rowland Abiodun: Yoruba: Nine Centuries of African Art and Thought. New York 1989; Belcher, Stephen: African Myths of Origin. Stories Selected and Retold by Stephen Belcher. London 2005, S. 309. Der Schöpfungsgott Olodumare («Allmächtiger») ist auch unter den Namen Olorun, Odumare, Eleda («Schöpfer»), Eleemi oder Alaye («Besitzer des Lebens») bekannt.

[2] Beier, Ulli: Yoruba Myths, Compiled and Introduced by Ulli Beier. London 1980, S. 6f. (deutsche Übersetzung der Autorin).

[3] Vgl. Beier, Ulli: Auf dem Auge Gottes wächst kein Gras: zur Religion, Kunst und Politik der Yoruba und Igbo in Westafrika. Wuppertal 1999, S. 204.

[4] Nacherzählt nach Beier: Yoruba Myths, S. 201, und Belcher: African Myths of Origin, S. 310–311. In manchen Versionen wird auch Oduduwa als Schöpfer der Erde tradiert. Zur politischen Bedeutung von Mythen im Machtkampf zwischen Ife und anderen Yoruba-Regionen sowie dem Bemühen um Harmonie in der stark segmentierten Yoruba-Gesellschaft siehe Beier: Auf dem Auge Gottes wächst kein Gras, S. 171–213.

[5] Siehe Belcher: African Myths of Origin, S. 310f. (deutsche Übersetzung der Autorin).

[6] Vgl. Beier: Auf dem Auge Gottes wächst kein Gras, S. 205; Drewal et al.: Yoruba, S. 26–33.

Mythisierung der Dogon in Mali
S. 108–113

Abbildungen

→1 Zweiflügelige Speichertür mit 56 Figuren
Dogon-Werkstatt
Mali, 19. Jh.
Holz, Eisen; 62 × 52 cm
Museum Rietberg Zürich; RAF 260
© Foto: Rainer Wolfsberger

→2 Marcel Griaule beim Entwickeln seiner Feldaufnahmen
Mali, Sanga, 1931
Musée du Quai Branly, Paris;
1998-222031422

→3 Kanaga-Maske
Dogon-Werkstatt
Mali, 19./20. Jh.
Holz, Farbpigmente, Pflanzenfasern;
112 × 60 cm
Museum Rietberg Zürich; RAF 253
© Foto: Rainer Wolfsberger

→4 Sitzendes Figurenpaar
Dogon-Werkstatt der Seno-Region
Mali, 18./19. Jh.
Holz; 66,5 × 22 × 17,5 cm
Museum Rietberg Zürich; RAF 251
© Foto: Rainer Wolfsberger

Anmerkungen

[1] Einen guten Überblick zur Dogon-Literatur bietet Ciarcia, Gaetano: De la mémoire ethnographique: l'exotisme du pays dogon. Paris 2003. Siehe auch Blom, Huib: Dogon: Images & Traditions. Paris 2011; Homberger, Lorenz (Hrsg.): Die Kunst der Dogon. Zürich 1995; Leloup, Hélène (Hrsg.): Dogon. Paris 2011.

[2] Der erste längere Bericht zu den Dogon, die damals noch Habé oder Habbe genannt wurden, stammt aus der Feder des französischen Kolonialbeamten Louis Desplanges (1907). Unter den Schülern von Griaule fanden sich namhafte französische Ethnologen wie Germaine Dieterlen oder Michel Leiris sowie Filmemacher wie Jean Rouch und Luc de Heusch.

[3] Vgl. Griaule, Marcel: Masques Dogons. Paris 1938; sowie Dieu d'eau: Entretiens avec Ogotemmêli. Paris 1948; Griaule, Marcel und Germaine Dieterlen: Le renard pâle. Paris 1965.

4   Im Gegensatz zu Griaule reflektierte Michel Leiris seine Faszination für die Dogon immer wieder selbstkritisch. Siehe Leiris, Michel: L'Afrique fantôme. Paris 1934.

5   Siehe Belcher, Stephen: African Myths of Origin. London 2005, S. 345–355.

6   Siehe Griaule, Marcel und Germaine Dieterlen: Un système soudanais de Sirius. In: Journal de la Société des Africanistes 20 (1950), S. 273–294; Griaule und Dieterlen: Le renard pâle, S. 467–487.

7   Der Fuchs (Vulpes pallida, «Blassfuchs») spielt zwar bei der Divination eine Rolle, wird aber ansonsten nicht als Inkarnation der ersten Wesen im Ursprungsmythos angesehen. Vgl. Beek, Walter E. A.: Dogon Restudies: A Field Evaluation of the Work of Marcel Griaule. In: Current Anthropology 32, 2 (1991), S. 139–167.

8   In der New-Age-Bewegung wird das Sirius-Rätsel damit erklärt, dass die Dogon Kontakt zu Ausserirdischen gehabt hätten. Z. B. Temple, Robert K. G.: The Sirius Mystery. London 1976.

9   Vgl. Griaule: Masques Dogons, S. 470–485; und Griaule: Le renard pâle, S. 172. Bei den Masken, die zu bestimmten rituellen Festen auftreten und tanzen, stehen weniger kosmologische Bezüge als Themen wie Geburt und Tod, Fruchtbarkeit und Ernte sowie die Dichotomie zwischen Dorf und Busch im Zentrum.

10   Vgl. Albers, Irene: «Passion Dogon»: Marcel Griaule und Michel Leiris. Die Geheimnisse der Dogon (und der Franzosen). In: Wendel, Tobias, Bettina von Lintig und Kerstin Pinther (Hrsg.): Black Paris. Kunst und Geschichte einer schwarzen Diaspora. Fulda 2006. S. 161–179.

Die Maya

S. 114–119

Abbildungen

→ 1   Die Maya-Stadt Uxmal
Mexiko, Yucatan, Puuc-Region,
Endklassik, 9./10. Jh.
© Foto: Philip Hofstetter, 2005

→ 2   Schale mit tanzendem Maisgott
Maya, Klassik, um 600–800 n. Chr.
Ton, bemalt und gebrannt; 10 × 31 cm
National Museum of World Cultures,
Niederlande; RV-4363-1

→ 3   Trinkbecher mit dem König in der Tracht
des Maisgottes
Maya, Klassik, um 300–900 n. Chr.
Ton, bemalt und gebrannt; 12 × 14 cm
National Museum of World Cultures,
Niederlande; RV-5058-5

→ 4   Trinkbecher mit Ballspielszene
Maya, Klassik, um 761 n. Chr.
Ton, bemalt und gebrannt; 14,2 × 15,5 cm
National Museum of World Cultures,
Niederlande; RV-5347-1

→ 5   Grabplatte des Herrschers
K'inich Janaab' Pakal I
Mexiko, Chiapas, Palenque;
«Tempel der Inschriften»,
683 n. Chr.
Kalkstein; 379 × 220 cm
© Merle Greene Robertson, 1976, 2006

Anmerkungen

1   Vgl. z. B. die kolorierten Lithografien von Frederick Catherwood (1799–1854) in Stephens, John L.: Incidents of Travel in Central America, Chiapas, and Yucatan. London 1841; oder Stephens, John L.: Incidents of Travel in Yucatan. London 1843.

2   Humboldt, Alexander von: Atlas pittoresque. Vues des Cordillères, et monuments des peuples indigènes de l'Amérique. Paris 1813.

3   Eine Übersicht über die Maya bietet: Grube, Nikolai (Hrsg.): Maya. Gottkönige im Regenwald. Köln 2000. Über die archäologische Forschungsgeschichte siehe: Sharer, Robert J. und Loa P. Traxler (Hrsg.): The Ancient Maya, Kapitel 2. Stanford 2006. Über die Forschungsgeschichte der Schriftentzifferung: Coe, Michael D.: Breaking the Maya Code. 3. Ausgabe. London/New York 2012.

4   Siehe z. B. Tedlock, Dennis: Popol Vuh. The Definitive Edition of the Mayan Book of the Dawn of Life and the Glories of Gods and Kings. New York 1985.

Nordwestküste Nordamerikas

S. 120–127

Abbildungen

→ 1   Modell eines Hauspfostens bzw. Wappenpfahls
Haida, vor 1873
Holz bemalt; 65 × 8 × 9,2 cm
Weltmuseum Wien; 5089
© Foto: Weltmuseum Wien

→ 2   Zeremonial-Kopfaufsatz mit Rabe
Tlingit, vor 1880
Holz und Leder bemalt, Haliotisschale;
19 × 27,5 × 40 cm
Übersee-Museum, Bremen; C 27
© Übersee-Museum Bremen,
Foto: Matthias Haase

→ 3   Tabakpfeifenkopf
Tlingit, vor 1872
Holz, Metall; 11 × 5 × 10,7 cm
Übersee-Museum, Bremen; C 371
© Übersee-Museum Bremen,
Foto: Matthias Haase

→ 4   Rabenrassel
Tlingit oder Haida, 19. Jh.
Bemaltes Holz, Metall; 32 × 9,5 × 10,5 cm
Museum Rietberg Zürich; RNA 311
Geschenk Rietberg-Kreis
© Foto: Rainer Wolfsberger

→ 5   Schamanenfigurine
Nordwestküste, vor 1872
Holz und Leder bemalt; 20 × 10 × 5 cm
Übersee-Museum, Bremen; C 212
© Übersee-Museum Bremen,
Foto: Matthias Haase

→ 6   Chilkat-Decke
Tlingit, Beginn 19. Jh.
Bergziegenwolle, Zedernbast; 95 × 105 cm
Museum Rietberg Zürich; RNA 308

Anmerkungen

1   Durch die Werke des Haida-Häuptlings Albert Edward Edensaw (um 1810–1894) und seines Nachfolgers Charles Edensaw (um 1839–1920) wurden die Rabenmythen in der bildenden Kunst populär. Siehe: Barbeau, Marius: Haida Myths

Illustrated in Argillite Carvings (Bulletin 127, anthropological series 32). National Museum of Canada, Ottawa 1953.

[2] Deans, James: Tales from the Totems of the Hidery, Bd. 2, Archives International Folklore Association. Chicago 1899; Swanton, John R.: Haida Texts and Myths, Skidegate Dialect. (Bulletin 29, Bureau of American Ethnology). Washington 1905; Barbeau: Haida Myths Illustrated in Argillite Carvings, S. 154–191.

[3] Reid, Bill und Robert Bringhurst: The Raven Steals the Light. Vancouver/Seattle 1984; Swanton, John R.: Haida Texts and Myths, Skidegate Dialect (Bulletin 29, Bureau of American Ethnology). Washington 1905.

[4] Samuel, Cheryl: The Chilkat Dancing Blanket. London 1990.

[5] Reid, Bill und Robert Bringhurst: The Raven Steals the Light. Vancouver/Seattle 1984; Swanton: Haida Texts and Myths, Skidegate Dialect.

Polynesische Kosmologie in Ritualobjekten
S. 128–133

Abbildungen

→1 Ritualobjekt *to'o*
Französisch-Polynesien, Tahiti,
Ende 18./Anfang 19. Jh.
Kokosfaser, Holz, Federn; H. 45 cm
Musée d'Histoire Naturelle et d'Ethnographie,
Lille; 990.2.2108
© Foto: Musée d'Histoire Naturelle et
d'Ethnographie, Lille, Philip Bernard

→2 Ohrschmuck
Französisch-Polynesien, Austral-Inseln,
vmtl. Ra'ivavae, Ende 18./Anfang 19. Jh.
Walzahn, Haare, Pflanzenfasern;
B. 8,2 bzw. 7 cm
Musée d'Histoire Naturelle et d'Ethnographie,
Lille; 990.2.2062, 990.2.2063
© Foto: Musée d'Histoire Naturelle et
d'Ethnographie, Lille, Philip Bernard

→3 Zierkragen *tahi poniu*
Französisch-Polynesien, Marquesas-Inseln,
Ende 18./Anfang 19. Jh.
Holz, Paternostererbsen *(Abrus precatorius),*
Pflanzenfasern; H. 24,5cm
Musée d'Histoire Naturelle et d'Ethnographie,
Lille; 990.2.2692
© Foto: Musée d'Histoire Naturelle et
d'Ethnographie, Lille, Philip Bernard

→4 Keule *u'u*
Französisch-Polynesien, Marquesas-Inseln,
Ende 18./Anfang 19. Jh.
Eisenholz *(Casuarina equisetifolia);* H. 135 cm
Museum Rietberg Zürich; RPO 203
© Foto: Rainer Wolfsberger

→5 Fliegenwedel *tahiri*
Französisch-Polynesien, Austral-Inseln,
Ende 18./Anfang 19. Jh.
Holz, Pflanzenfaser; 44 × 21 × 6 cm
Musée d'Histoire Naturelle et d'Ethnographie,
Lille; 990.2.2549
© Foto: Musée d'Histoire Naturelle et
d'Ethnographie, Lille, Philip Bernard

→6 Rindenbaststoff *hiapo*
Südpazifik, vmtl. Niue, 19. Jh.
Rindenbast, Farbe; 198 × 123 cm
Völkerkundemuseum der Universität Zürich;
2347
© Völkerkundemuseum der Universität Zürich,
Foto: Kathrin Leuenberger

Anmerkungen

[1] Kirch, Patrick Vinton und Roger C. Green: Hawaiki, Ancestral Polynesia. An Essay in Historical Anthropology. Cambridge 2001.

[2] Thomas, Nicholas: In Oceania. Visions, Artifacts, Histories. Durham/London 1997, S. 5 (eigene Übersetzung aus dem Englischen).

[3] Gell, Alfred: Closure and Multiplication. An Essay on Polynesian Cosmology and Ritual. In: de Coppet, Daniel und Andre Iteanu (Hrsg.): Cosmos and Society in Oceania. Oxford 1995, S. 21–56.

[4] Gell, Alfred: Closure and Multiplication. An Essay on Polynesian Cosmology and Ritual. Gekürzte Version erschienen in: Lambek, Michael: A Reader in the Anthropology of Religion. Oxford 2008, S. 267–279, Zitat S. 273 (eigene Übersetzung aus dem Englischen).

[5] Gell, Alfred: Wrapping in Images. Tattooing in Polynesia. Oxford 1993.

Weiterführende Literatur:

Babadzan, Alain: Les Dépouilles des dieux. Essai sur la religion tahitienne à l'époque de la découverte. Paris 1993.

Hooper, Steven: Pacific Encounters. Art and Divinity in Polynesia 1760–1840. London 2006, S. 213.

Kaeppler, Adrienne: The Pacific Arts of Polynesia and Micronesia. Oxford 2008.

Nuku, Maia: Unwrapping Gods. Missionaries, Comets and Pacific Cosmologies [in Vorbereitung].

Nuku, Maia: For They Say he Comes Down in a Whirl-wind. Sacred Fans from the Australs. In: Adams, J. et al. (Hrsg.): Artefacts of Encounter. Early Ethnographic Collections in the University of Cambridge [in Vorbereitung].

Pule, John und Nicholas Thomas: Hiapo. Past and Present in Niuean Barkcloth. Dunedin 2005.

Rose, Roger: On the Origin and Diversity of "Tahitian" Janiform Fly Whisks. In: Mead, Sidney (Hrsg.): Exploring the Visual Art of Oceania. Honolulu 1979, S. 202–213.

Thomas, Nicholas und Peter Brunt: Art in Oceania. A New History. London 2012.

Impressum

Dieses Buch begleitet die Ausstellung
«Kosmos – Rätsel der Menschheit»

Museum Rietberg Zürich
12. Dezember 2014 bis 31. Mai 2015

Gestaltung und Satz:
Jacqueline Schöb, Stefanie Beilstein, Vera Reifler,
Museum Rietberg Zürich

Redaktion:
Jorrit Britschgi, Museum Rietberg Zürich

Lektorat:
Karin Schneuwly, Zürich

Korrektorat:
Lisa Schons, Zürich

Lithografie, Druck und Bindung:
DZA Druckerei zu Altenburg GmbH,
Altenburg, Thüringen

Umschlagbild (Ausschnitt):
Galileo Galilei, *Sidereus nuncius,* 1610

ISBN 978-3-85881-451-7

Verlag Scheidegger & Spiess AG
Niederdorfstrasse 54
CH-8001 Zürich
Schweiz

www.scheidegger-spiess.ch